放顶煤技术在新疆煤炭开采运用中的关键问题及研究进展

南 华 王兵建 著

科 学 出 版 社

北 京

内 容 简 介

新疆已探明煤炭储量约占全国煤炭储量的40%，厚煤层储量约占其整个储量的50%。随着我国资源开发的战略转移，新疆以甚丰富的资源和良好的开采条件必将成为我国煤炭开发的主战场。放顶煤开采作为一种开采厚及特厚煤层的高产高效开采技术，在新疆煤炭开采中潜力巨大。作者根据新疆开采煤层特殊的自然条件及相关研究成果，提出放顶煤技术在新疆煤炭开采运用中面临的关键问题及研究进展，可为新疆煤炭开采提供技术参考。

本书可供从事煤矿开采的现场工程技术人员、科研人员、高等院校矿业工程相关专业师生参考。

图书在版编目（CIP）数据

放顶煤技术在新疆煤炭开采运用中的关键问题及研究进展 / 南华，王兵建著. —北京：科学出版社，2020.1

　ISBN 978-7-03-063069-8

　Ⅰ. ①放⋯　Ⅱ. ①南⋯ ②王⋯　Ⅲ. ①煤矿开采-放顶煤采煤法-研究-新疆　Ⅳ. ①TD823.4

中国版本图书馆CIP数据核字 (2019) 第244604号

责任编辑：耿建业　崔元春 / 责任校对：王萌萌
责任印制：吴兆东 / 封面设计：无极书装

科学出版社 出版
北京东黄城根北街 16 号
邮政编码：100717
http://www.sciencep.com

北京中石油彩色印刷有限责任公司 印刷
科学出版社发行　各地新华书店经销
*
2020 年 1 月第 一 版　开本：720 × 1000 1/16
2020 年 1 月第一次印刷　印张：11 1/4　插页：3
字数：250 000
定价：118.00 元
（如有印装质量问题，我社负责调换）

作 者 简 介

南华，男，博士，教授，博士生导师，现任中国煤炭学会矿山系统工程专业委员会委员，国家自然科学基金评审专家，新疆维吾尔自治区及河南省科技评审入库专家，哈密及焦作特聘安全生产专家。主要从事煤矿高效开采、矿山压力与控制、瓦斯预测与治理等方面的科研与教学工作。2008～2009 年在美国西弗吉尼亚大学做访问学者。作为项目负责人或主要完成人完成国家级科研项目 3 项，省级项目 5 项，横向项目 15 项。作为第一完成人或主要完成人获省级科学技术进步奖 2 项，省级煤炭科学技术进步一等奖 2 项、二等奖 3 项，省级优秀自然科学论文一等奖 1 项、二等奖 3 项。以第一作者或通讯作者发表论文 40 余篇，其中 SCI、EI 收录 17 篇，出版专著 3 部、教材 7 部。作为第一发明人获国际专利 2 项、国家发明专利 11 项。

王兵建，男，博士，副教授，现就职于河南理工大学能源科学与工程学院。主要从事煤矿"一通三防"理论与工程技术的教学与研究，曾参加国家"十五""十一五"科技攻关项目，973 项目，国家自然科学基金重点项目、面上项目和青年科学基金项目，国家社会科学基金项目，企业委托课题等 20 余项。曾获得中国煤炭工业协会科学技术进步奖一等奖 1 项、河南省工业和信息化厅科技成果奖 1 项。发表论文 10 余篇，获得专利 5 项，出版专著 2 部、教材 3 部。

前　言

　　能源是国民经济发展的原动力。煤炭作为主要能源之一，对保证国民经济快速发展起到了非常重要的作用。我国是世界产煤大国，自 2009 年以来我国煤炭年产量均超过 30 亿 t。随着每年的高强度开采，我国东部地区优势煤炭资源日渐减少。新疆已探明煤炭储量约占全国煤炭储量的 40%，厚煤层储量约占其整个储量的 50%。近年来，新疆煤炭开采力度不断加大，2018 年新疆生产原煤 1.9 亿 t，同比增长 6.4%。随着我国资源开发的战略转移，新疆以其丰富的资源和良好的开采条件必将成为我国煤炭开发的主战场。

　　放顶煤开采作为一种开采厚及特厚煤层的高产高效开采技术，在新疆煤炭开采中有较多应用。本书重点对新疆煤炭资源的赋存、开采与开发情况，放顶煤开采技术的发展历史和进展，工作面顶煤的破碎机理及规律，瓦斯运移基本规律，工作面平巷扩底反充锚杆支护，煤炭自燃及防治，煤尘综合治理及事故应急救援等关键问题进行论述。本书部分内容来自于新疆维吾尔自治区科技支疆项目"特厚煤层煤巷树脂锚杆滑移失效机理及防治关键技术(2017E0292)"和新疆维吾尔自治区科技援疆项目"基于开采动压的工作面瓦斯预测关键技术及应用(2013911038)"的研究成果。

　　本书前 4 章理论性较强，具有较高的适应性，而后 3 章具有较强的操作性，对于具有类似工程实践条件的矿井具有较高的参考价值。另外，针对放顶煤工作面开采设计及论证的相关部分内容，按照《国家安全监管总局国家煤矿安监局关于加强煤矿放顶煤开采安全管理工作的通知》（安监总煤行〔2008〕130 号）及各省、自治区的单独文件执行，新疆可具体按照《新疆煤矿放顶煤开采安全技术管理办法》执行。

　　放顶煤开采是一项不断发展的、复杂的煤矿开采技术，本书提到的很多内容还有待进一步探索和完善，加之作者水平所限，书中难免存在不足之处，恳请读者提出宝贵意见。

作　者

2019 年 5 月

目　　录

彩图

1 绪 论

能源是国民经济发展的原动力。煤炭作为主要能源之一，对保证国民经济快速发展起到了非常重要的作用。我国是煤炭大国，煤炭蕴藏丰富、分布面广，除上海外，全国30个省(自治区、直辖市)(除港、澳、台)都有不同数量的煤炭资源，已探明的煤炭储量占世界煤炭储量的1/3左右。我国煤炭的生产数量和消费数量也居世界各国的前列，2012年我国煤炭产量达到36.6亿t，之后产能有所降低，但每年均在30亿t以上，在我国一次能源消耗结构中占70%以上。

据相关部门数据分析，到2050年，煤炭在我国一次能源消耗结构中所占比例不会低于50%，可以预见，在未来几十年内煤炭仍将是我国的主要能源和重要的战略物资，具有不可替代性。

新疆是我国煤炭储量最为丰富的地区之一，其煤炭资源非常丰富，预测储量约为2.19万亿t，占全国总储量的40%以上。目前，新疆已形成准东、伊犁、吐鲁番哈密、库车-拜城四大煤炭基地。新疆具有储量丰富的厚与特厚煤层，其中在新疆鄯善县沙尔湖煤田勘查区发现的单层最大厚度为217.14m的特厚煤层，刷新了全国纪录，而该类煤层是未来一段时间新疆的主采煤层。在中国东部煤炭资源日趋枯竭的背景下，新疆已成为中国重要的能源接替区，对新疆煤炭资源的预测、合理开采及利用将成为我国可持续发展的一项重要任务。

1.1 新疆煤炭资源的赋存情况

1.1.1 新疆含煤地层分布特征

新疆含煤地层与煤层主要分布在早、中侏罗世地层中，且出露面积大，分布广、煤层层数多，单层厚度及资源潜力大。新疆含煤地层依据构造控制及展布、含煤地层分布、聚煤规律等可分为3个大的含煤地层区，即北部的准噶尔盆地含煤地层区、南部的塔里木盆地含煤地层区和昆仑山-喀喇昆仑山含煤地层区。

1)准噶尔盆地含煤地层区

准噶尔盆地由原分散的拗陷形成统一大盆地和配置有序的沉积环境，在适宜成煤的古构造、古地理、古气候和古植物条件下，形成早-中侏罗纪含煤建造，其聚煤作用广泛而强烈，以煤层层数多、煤层总厚度大，屡屡出现巨厚的单层煤层为主要特征，尤以准东煤田最具代表性。2009年，吐鲁番鄯善县沙尔湖煤田勘查区钻探出一处单层最大厚度为 217.14m 的煤层，刷新了全国已勘探出的单煤层厚度纪录。

含煤地层为中-下侏罗统、水西沟群($T_{1-2}S$)，其广泛分布于准噶尔盆地、吐哈盆地、伊宁盆地、三塘湖-淖毛湖盆地等诸多煤田，岩性主要是灰绿、灰白色砂岩、砾岩，灰绿、灰黄色(少量棕红色)泥岩，此外也夹顶泥岩夹煤层及菱铁矿，属河流沼泽相，并以湖泊沼泽相为主，富含植物化石，含少量瓣鳃类化石，厚度在 122~1684m，与下伏地层中-上三叠统、小泉沟群($T_{2-3}XQ$)呈整合接触，局部为假整合或不整合接触，与石炭系(C)、二叠系(P)呈不整合接触。水西沟群依据岩性、植物群及含煤性分为：下侏罗统八道湾组(下含煤组 J_1b)、三工河组(不含煤组 J_1s)及上侏罗统西山窑组(上含煤组 J_2x)。

2) 塔里木盆地含煤地层区

塔里木盆地在古构造、古地理、古气候和古植物有序配置下，在含煤区拗陷部位形成具工业价值的中-下侏罗统含煤岩系。北缘为克拉苏群，西南缘及南缘为叶尔羌群。

含煤地层依据岩性、植物及含煤性划分为侏罗系克拉苏群和叶尔羌群，即下侏罗统塔里其克组、阿合组、康苏组、阳霞组和中侏罗统克孜努尔组、杨叶组。该含煤岩系以河湖相、湖泊相、沼泽相沉积为主，岩性为灰色、深灰色、灰白色、浅红色的砂岩、粉砂岩、细砂岩、泥岩及煤层。地层厚度各区差异较大，与下伏地层呈不整合接触，分布于塔里木盆地及边缘地带。

3) 昆仑山-喀喇昆仑山含煤地层区

昆仑山-喀喇昆仑山含煤地层区位于新疆南部高海拔地区的昆仑山-喀喇昆仑山山脉，岩石地层单位包括华南地层大区巴颜喀喇地层区木孜塔格小区侏罗系的叶尔羌群、塔里木-南疆地层大区西昆仑地层区下侏罗统的叶尔羌群和喀喇昆仑地层区下侏罗统的巴兰工莎布群。除喀喇昆仑地层区下侏罗统巴兰工莎布群为海陆交互相外，其余地区均为陆相沉积。

1.1.2 新疆煤炭赋存规律

依据全国煤炭预测资源区划，在 I 级赋煤单元基础上，根据新疆早-中侏罗世聚煤规律、聚煤作用与古地理环境和古构造的关系，将区内准噶尔、塔里木等盆地进一步划分成 13 个赋煤带(II级)，并细分出 60 个煤田(III级，煤产地、煤矿点)和 111 个矿区(IV级，预测区)。

1) 准北赋煤带

准北赋煤带位于准噶尔盆地北侧；东西向开阔褶皱发育，呈北东东向"多"字形斜列展布，长 360~500km。盆地西缘克-乌断裂带是一个隐伏的推覆构造，全长 250km，北东向穿过赋煤带东侧。克-乌断裂带是该冲断-推覆带的第二次活动的产物，由几条断面北倾、上陡下缓的犁式断裂组成，中-下侏罗统地层被断开，石炭系-中生界断块依次向南东呈阶梯状下降。克-乌断裂带二叠系地层主要分布在下盘，反映出其为克-乌断裂带第一次推覆的产物，第二次活动对其只是起到了加强和延续的作用。

2) 准南赋煤带

准南赋煤带以乌鲁木齐为界，主要含煤地层为中-下侏罗统水西沟群的八道湾组、西山窑组。乌鲁木齐以西，伊连哈比尔尕山前分布着三排较为完整的褶皱构造，总的特征是靠近盆地边缘背斜紧闭，两翼倾角大、幅度大，远离盆地边缘则背斜平缓，两翼倾角小、幅度变小。这一特征可能与伊连哈比尔尕山前冲断-推覆带有关。冲断-推覆带北侧，地层呈单斜形态倾向北。

3) 准东赋煤带

准东赋煤带位于准噶尔盆地东侧，扩全东侧喀拉麦里山区，东端至巴里坤、伊吾。聚煤期后经历了多次构造运动，东部主要为北西西向开阔褶曲，呈北西西向斜列展布，西部有三排北东东向构造鼻，斜列展布，赋煤带北部发育喀拉麦里深断裂，在隆起和深断裂的双重影响下，煤田内发育有一系列垂直于深断裂的向斜构造和鼻状构造。煤田构造整体上成并列式、不对称、开阔性的褶曲形态。

4) 三塘湖-淖毛湖赋煤带

三塘湖-淖毛湖赋煤带位于东准噶尔界山的三塘湖含煤盆地内，西有喀拉麦里山，西南为喀尔里克山、天山北山，东连淖毛湖拗陷。三塘湖含煤盆地构造形态呈北西-南东向展布，呈两排向北倾斜的复式向斜构造，盆地南缘可见恰乌卡尔-结尔得嘎拉深断裂的踪迹，北缘属纳尔曼得深断裂的范畴，赋煤带内地形东低西高，构造形态又可进一步划分为北部拗陷、中央隆起、南部凹陷。受断裂影响，南部凹陷较深，南缘断裂为赋煤带的主控构造。

5) 伊犁赋煤带

伊犁赋煤带位于新源以东，西至中哈边界，并延伸至哈萨克斯坦境内。南、北分别与科古琴山、婆罗科努山及哈尔克山、那拉提山为邻，呈近东西向展布、东窄西宽的楔形，面积约 2 万 km^2。赋煤带内有伊宁、昭苏、尼勒克煤田和可尔克煤产地。

6) 吐哈赋煤带

吐哈赋煤带位于新疆东部、天山山脉之中，呈近东西向狭长扁豆状，面积约 49000km^2，是我国海拔最低（−155m，艾丁湖）的内陆山间盆地，含煤地层与准噶尔盆地相同。主要煤矿区为哈密、三道岭和艾维尔沟。主体构造线为东西向，总体显示为一个大的箕状向斜构造。北部边缘区可见到不完整的次级背斜和向斜褶曲，拗陷内褶皱、断裂构造不发育。北缘大断裂、东部断陷及南缘断裂为基底断裂，侏罗纪表现为同沉积断裂，后期多次活动，尤其是北缘大断裂向南逆掩推覆。

7) 中天山赋煤带

尤尔都斯盆地呈北西西向菱形，面积约 8000km²，主要包括巴音布鲁克煤矿。巴音布鲁克煤田位于那拉提山南坡，尤路都斯山间拗陷中，呈北东东-北西西向展布，构造形态整体上为一复式向斜的断褶构造。焉耆盆地呈北西西向展布，近菱形，面积为 1100km²，盆内有哈满沟和塔什店煤矿区。中-下侏罗统克拉苏群由克孜勒努尔组(塔什店组)、阿合组(哈满沟组)、阳霞组组成，仅克孜勒努尔组(塔什店组，J_1t)、阿合组(哈满沟组，J_2a)含煤。位于拗陷西南边缘的哈满沟矿区和塔什店矿区断裂比较发育，塔什店矿区为轴向北西的复向斜构造。库米什盆地走向北西，长约 200km，侏罗系埋深不超过 1500m(盆地东部)。库米什煤田位于喀拉塔格-克孜勒塔格山北坡的库米什拗陷中，呈北西西向展布，地貌特征：北部为高山，中部为库米什谷地，南部为苏克丘陵带。构造形态为并列式向斜构造，在苏克地区呈向北倾斜的不对称开阔型向斜褶皱，北部被断裂切割。

8) 塔北赋煤带

受燕山运动和喜马拉雅运动的影响，位于塔北的煤系普遍发生较强形变和位移，苏维依拗陷中侏罗纪煤系及相邻三叠系、白垩系和古近系形成四排东西向褶皱构造，随着这些褶皱带强度自北向南由强到弱，煤系地层的形变也由强变弱，除局部存在断层切割外，煤系地层基本保存完好。越接近塔里木盆地内部，构造运动的影响越弱。该区煤系形变微弱，只是埋深太大，开发困难。

9) 罗布泊赋煤带

罗布泊赋煤带位于塔里木盆地东部沙雅-尉犁-楼兰古城一带，呈北西西-北东东向展布，长 750km，面积约 17 万 km²。大地构造属于孔雀河斜坡、满加尔凹陷等构造单元。受天山南麓深断裂、阿尔金山北缘断裂、北民丰-罗布庄断裂、塔里木河断裂等联合控制，含 1 个煤田——罗布泊煤田。

10) 塔西南赋煤带

新生代地层形成南收敛、向北撒开的四排构造带，褶皱呈箱状，向昆仑构造带方向，褶皱渐趋紧密，断裂发育，背斜多被断裂切割。北端的乌恰凹陷，煤系与盖层构成复向斜构造，受东、西两侧北北西向断裂影响而复杂化。南端杜瓦一带的煤系呈单斜构造，矿区构造复杂，开采条件差。

11) 塔东南赋煤带

塔东南煤系构造以断裂和平缓褶皱为主，压扭性断裂走向和褶皱轴向多平行于区内凹陷轴向。其位于昆仑山内库斯拉普煤盆地，构造变动较强烈，盆地被切割成几个孤立的小断陷盆地，侏罗纪煤系多被断裂切割，形成地堑与地垒式构造，煤变质程度高(肥煤-无烟煤)。东昆仑山中的几个煤盆地的中新生代地层亦形成强烈褶皱或被断裂切割，地层发生倒转，断层多为左旋压扭性质，构造线为北东东向。

12) 吐拉赋煤带

吐拉赋煤带地处东昆仑山北部褶皱带，东以新疆、青海两省(自治区)行政区划为界，南以康西瓦拉-鲸鱼湖巨型断裂构造带为界，北与塔东南赋煤带相邻，东宽西窄。含煤地层零星分布于白干湖一带，为中侏罗统大煤沟组，现有白干胡煤产地、吐啦煤矿点、伊吞泉煤矿点、嘎斯煤矿点和阿牙库煤矿点等。

13) 喀喇-昆仑赋煤带

喀喇昆仑-昆仑赋煤带位于塔里木盆地，阿尔金山以南，昆仑山山脉和喀喇昆仑山山脉之中。含煤盆地相对来说都比较小，且零碎，稍微大些且含煤性较好的有克孜勒陶山间拗陷、古尔嗄拗陷等。含煤地层时代为中生代三叠纪、侏罗纪，受后期构造演变的强烈挤压，表现为褶皱与隆起等主要构造特征。

1.1.3 新疆煤炭资源特点

1) 资源丰富，战略地位重要

根据全国第三次煤炭资源预测与评价结果，新疆在垂深 2000m 以浅、面积 7.64 万 km^2 范围内，煤炭预测资源量 2.19 万亿 t，占全国预测资源总量的 39%，位居全国首位。截至 2011 年底，新疆煤炭资源储量累计查明 1610 亿 t，约占全国已探明储量的 10%，占资源总量的 4.7%。新疆煤炭保有资源储量仅占用 430 亿 t 左右，占用率为 25% 左右。在尚未利用的 1180 亿 t 左右的资源储量中，勘探、详查率不足 5%，绝大部分为普查和预查资源量。

2) 煤种齐全，是优质的动力和化工用煤

新疆低变质烟煤最多，占预测总储量的 80.9%，炼焦用煤次之，约占预测总量的 19.0%，贫煤、无烟煤、褐煤最少。在烟煤中长焰煤最多，占烟煤储量的 70.1%，其次为不黏结煤，占烟煤储量的 26.8%。

3) 煤炭资源埋深浅、地质构造简单，开发条件好

新疆的煤田煤层一般埋藏较浅，埋深 1000m 以浅的资源量占资源总量的 58.3%，其中埋深 300m 以浅及 300～600m 资源量较少，分别只占资源总量的 11.4% 和 17.5%，埋深 600～1000m 资源量最多，占资源总量的 29.4%；埋深 1000～1500m、1500～2000m 分别占资源总量的 22.9% 和 18.8%。从目前探明储量看，适宜大规模露天开采的资源并不多，主要集中在准东赋煤带和三塘湖-淖

毛湖赋煤带。

4) 整装煤田资源丰富，宜规划建设国际大型煤炭基地

根据新疆预测资源总量和 2011 年底新疆最新查明煤炭保有资源储量数据，准南煤山、准方煤川、伊犁煤田、吐哈煤田、塔北煤田预测资源量和保有资源储量分别占全区的 90%、99% 以上，其中，准东煤田、伊犁煤田、吐哈煤田资源量均在 2000 亿 t 以上，有条件规划建设特大型煤炭基地。

1.2　新疆煤炭资源的开采情况

近几年，内地大型煤炭企业开发新疆煤炭资源积极性的提高，加快了新疆中小型煤矿的整合与改造，提高了产业集中度和技术装备水平；目前参与新疆煤电、煤化工产业发展的企业已达 104 家，主要大型煤炭、煤化工生产企业有：中国国电集团公司、中国华能集团有限公司、国家电力投资集团公司、中国大唐集团有限公司等五大电力企业，神华集团有限责任公司、中国中煤能源集团有限公司、中国保利集团有限公司、中国中信集团有限公司等国有央企，新疆广汇实业投资(集团)有限责任公司等本土企业，山西潞安矿业(集团)有限责任公司、开滦(集团)有限责任公司、徐州矿务集团有限公司、新汶矿业集团有限责任公司、河南煤业化工集团有限责任公司、中国平煤神马能源化工集团有限责任公司、酒泉钢铁(集团)有限责任公司等外省国有煤炭企业。在建和规划建设的煤炭规模大多是500 万 t/a 以上。这些煤矿的建设把新疆的资源优势和东部地区先进的技术、管理优势进行了合理配置和有效结合，促使新疆煤炭工业管理水平和技术水平大幅度提升，也为新疆煤炭大规模有序开发打下了坚实的基础。

在大企业、大集团的助推下，2012 年新疆加大了准东、吐哈、伊犁、库拜、和丰五大煤炭基地的开发力度，重点推进 58 处百万吨级煤矿、18 处千万吨级重点煤炭项目建设，实现了我国首条天然气外输管道工程伊宁-霍尔果斯输气管道工程竣工，南疆地区首条铁路运煤专线库俄铁路建成通车，"疆电东送"重点项目哈密—郑州 800kV 特高压直流输电工程开工建设。2012 年新疆原煤产量突破 1.4 亿 t，同比增长 16.4%。在保障新疆煤炭供应的同时，还实现了"疆煤东运"2000 万 t，为内地省(自治区、直辖市)的发展注入了动力。

2013 年开始，新疆推进煤炭、煤电煤化工产业建设，基本已形成 10 个千万吨级、5 个 3000 万吨级、2 个 5000 万吨级大型煤炭企业集团，煤炭产能超 4 亿 t，实现了 1000 亿 m^3 天然气和煤制气产量，成为国家大型煤炭、煤电、煤化工基地。

1.3 新疆煤炭资源开发的展望与建议

针对新疆煤炭资源勘查、开发、利用现状，对新疆煤炭资源开发的展望与建议如下：

(1)根据新疆煤炭资源的分布特点、勘探和开发现状，要抓住西部大开发这个机遇，争取国家优惠政策，加强地质勘查力度，多渠道融通资金，查明煤炭资源"家底"，为新疆的煤炭工业可持续发展规划提供依据。

(2)要依靠科技进步，促进煤田地质可持续发展。积极开展煤炭及相关领域地质理论和技术方法研究，加强煤田地质基础研究，为煤炭资源调查、煤田地质勘查及相关的煤层气、水资源评价提供理论支撑和技术支撑。

(3)加强煤田地质勘查设备更新改造和人才队伍建设，以高新技术改造传统地质勘查业。加强国际、国内技术合作和交流，促进煤田地质科技工作的深度和度发展。

(4)加强煤炭资源的勘查开发规划，对已探明的煤炭资源实行保护性开发及综合利用。要规划出对自治区国民经济和社会发展有较大影响的大矿区或重要基地，在条件成熟时将煤炭就地转化，向外输气、输电、输油。对小煤矿进行联合改造，扩大单井生产规模，改进采煤方法，提高回收率。同时要加强缺煤地区煤炭资源的开发，使农牧民改烧柴为烧煤，减少对植被的破坏，保护生态环境。

(5)加强环境保护，重视生态建设。本着"谁开发、谁污染、谁治理"的原则，对因矿业开发引发的煤层自燃、环境污染、地面塌陷、山体滑坡等地质灾害，加强调查评价和综合治理。发展循环经济，重视煤炭深加工、综合利用及洁净煤利用。

(6)加强煤层气勘探开发。煤层气作为新型洁净能源，它的开发与利用，不仅可以降低煤矿安全事故的发生概率，减少矿井瓦斯排放，降低大气污染，减少温室效应，也可以增加洁净能源总量，是西气东输的重要补充气源，是西部大开发战略决策的重要体现。

1.4 放顶煤开采技术的产生及发展

1.4.1 放顶煤开采技术的产生

作为一种独特的采煤技术，放顶煤开采技术由来已久。实践证明该技术是开采厚及特厚煤层的最佳选择，在很大程度上比传统厚及特厚煤层开采方法具有成本低、效率高、安全性高、煤炭回收率高等诸多优势。

1.4.1.1　国外放顶煤开采技术的产生和发展

放顶煤开采技术由来已久，在其初期试用阶段，采煤主要采用炮采或普采，支护主要采用木支柱、金属支柱或单体液压支柱，而运煤主要采用刮板输送机；但随着对工作效率及安全程度要求的提高，在采煤装备及工艺、支护装备及工艺上取得了长足进步，逐步向综合机械化放顶煤方向发展。

早在 18 世纪初，法国在对厚煤层的开采中即使用高落式放顶煤开采，该采煤法沿煤层底板掘巷，后回采期间再将顶煤放落下来并运出工作面，但这种方法在初期顶煤丢煤多、易对工作面及采空区造成冲击，而且易自燃发火，严重阻碍了该技术的进一步推广和应用。1963 年，法国利用当时使用的节式支架改造成的带"香蕉"形尾梁的液压支架，与采煤机和运输机配套，组成综采设备，于 1964 年在布朗齐矿区进行生产试验并获得成功。法国放顶煤工艺主要包括长壁放顶煤、短壁放顶煤、房式放顶煤和仓式放顶煤。长壁放顶煤最初在布朗齐矿区试验并获得成功，后又推广到 8～20m 厚的煤层。长壁放顶煤采煤主要采用单滚筒、链牵引采煤机，运煤采用前、后两部输送机，支护采用 FB21-30S 型掩护支架，主要采用自由跨落法管理顶板。

1957 年，苏联首次在库兹巴斯煤田采用放顶煤开采法，借助单输送机掩护 (KTY) 型掩护式液压支架开采倾角 5°～18°、厚度 9～12m 的厚煤层。工作面主要工序为首先采顶部煤、铺底网，其次沿煤层底板开采，在工作面向中间煤层打眼放炮、崩酥中间煤体，再通过 KTY 型支架顶梁上的天窗把顶煤放入工作面刮板输送机，最后通过工作面刮板输送机把煤炭运出工作面。后因该技术工艺复杂、金属材料消耗量大、效果不理想而未能大范围推广。通过几十年的实践和研究，放顶煤采煤技术以其前所未有的工作面单产、较少的回采巷道掘进率和维护工作量、较高的工作面工效及良好的工作面经济效益而被用来进行综放开采，曾一度成为东欧地区厚煤层开采的主要方法。技术上的原因使欧洲使用综放技术并没取得很好的技术经济指标；再加上社会因素的影响，20 世纪 80 年代中期以后，国外放顶煤技术开始衰落，到 90 年代初，国外只有极少数矿井仍在使用放顶煤开采[1, 2]。

目前中国是世界上主要应用长壁放顶煤开采技术的国家，另外，俄罗斯、印度和土耳其等少数国家也在使用和研究放顶煤开采技术[3-5]。放顶煤开采技术在国外逐渐衰落的主要原因有以下几个方面：

(1) 适合放顶煤开采的资源枯竭。法国煤炭储量 127 亿 t，厚层储量仅占 8.5%，经过 80 余年的开采，包括以前的非机械化开采，适合放顶煤开采的厚煤层越来越少。

(2) 欧洲矿井煤炭开采成本过高，能源市场被天然气、核能挤占，煤矿被迫减产或关闭。目前欧洲原主要产煤国已经成为世界主要煤炭进口国。

（3）放顶煤开采在技术上存在一些缺点和不足，如煤炭采出率低、瓦斯容易积聚、采空区煤炭自燃发火、支架性能较差等许多技术问题都没有得到很好地解决，限制了其在综放开采方面的广泛应用。

（4）环境保护要求越来越严格。美国井下粉尘浓度最高标准为 2mg/m³，英国为 11mg/m³，德国为 20mg/m³，而放顶煤开采粉尘浓度一般高达 1000～1500mg/m³，采用煤层超前注水和喷雾降尘等措施后，仍难以达到国家规定标准。同时采用综放开采时，在支架后方对采空区进行充填较困难，使地表发生沉陷，对地面自然生态环境影响较严重。

放顶煤开采从原则上讲无疑是能够实现高产高效的，但要达到这一目标，也有很大难度，存在着各方面的问题。如前所述，国外放顶煤开采由热变冷的过程除了一些社会因素外，主要的原因还是在于没有从根本上找到克服这些难点的方法。放顶煤开采的优势是能在不同条件下，实现不同开发水平，但却是前所未有的高产量、高效率和高效益，能把厚煤层的储量优势充分转变为技术经济优势。

1.4.1.2 我国放顶煤开采技术的产生和发展

我国的综放开采大体上可分为以下 3 个时期[6]。

1）探索阶段（1982～1990 年）

这一阶段结束的标志是阳泉一矿 8603 长壁综放面月产突破 14 万 t，它证明了综放开采确实能实现高产高效。我国从 1982 年开始研究引进综放开采技术，并于 1984 年在沈阳矿务局蒲河矿首先进行了全部用国产设备开采缓倾斜长壁综放面的试验。由于试验地点的客观条件较差，虽然试验得到了很多经验，对以后我国综放技术的完善有很重要的借鉴作用，但这一阶段，综放开采在难采煤层中的突破还是不够的。

2）逐渐成熟阶段（1990～1995 年）

综放开采步入成熟阶段的标志是：

（1）兖州矿务局兴隆庄矿工作面单产突破了 300 万 t/a，初步显示了综放面高产高效的巨大潜力；

（2）难采煤层综放开采技术有了重大突破。

这个时期综放开采取得的主要成果如下：

（1）工作面高产高效工艺取得了重大进展，综放工作面 1994 年最高单产为 273 万 t，1995 年为 315 万 t，1996 年为 350 万 t，1997 年为 410 万 t，并且出现了一批年产 200 万 t 以上的工作面。

（2）放顶煤液压支架由仿造发展到自创，进而定型。

（3）综放开采在"三软""大倾角"（30°左右）、"高瓦斯"等难采煤层有了突破，实践表明在难采煤层综放工作面的年产量也能突破百万吨。

(4)初步摸清和提出了解决提高回收率、防治瓦斯突出、防治自燃和防尘的一些措施，并进行了大规模试验，取得了一些成果。

(5)综放开采理论研究有了很大进步，对岩层控制、支架-围岩关系、顶煤可放性、放煤工艺、平行作业等都有较多研究。

(6)1994 年我国制定了《综合机械化放顶煤开采技术暂行规定》，从此综放开采走向正规化。

3)技术成熟和推广阶段(1996 年起)

从 1996 年到现在，国家加大了对综放开采技术研究的投入；由于综放开采巨大的技术、经济和社会效益，激发了煤矿生产企业的积极性；由于对综放开采的几个重大技术难点的认识逐步深化，并有了初步的治理方法，综放开采的安全优势也被公认。1995 年煤炭工业科教兴煤大会上确定了把综放开采技术定为"九五"期间煤炭行业重点攻关和推广的五项技术之首，煤炭工业部还将综放开采技术的几个问题定为"九五"期间煤炭工业重点科研攻关项目，使综放开采技术的发展有了一个很好的外部环境，在较短时间内得到了快速发展。

2019 年兖矿集团金鸡滩煤矿工作面最高月产已高达 180 万 t，直接工效在500t/工以上。所以综放开采不仅是不稳定厚煤层合理的开采方法，而且也是稳定厚煤层建设高产高效矿井的有效技术途径之一。

1.4.2　放顶煤开采技术目前的进展

综放开采技术在我国经过上述 3 个阶段 20 余年的发展后，尤其是对综放开采生产中存在的一系列技术难题进行联合攻关研究，在理论和实践上进行了大量创造性工作，取得了一大批科研成果，在综放面矿山压力显现规律[1,2,7,33]、瓦斯和煤尘治理[34-42]、火灾预防[43-52]等方面，均进行了较为系统和深入的研究，使综放开采技术顺利实现了安全生产条件下的高产高效：综放面不断保持和创造着我国长壁工作面高产高效的最高纪录；综放面能实现高产高效是带有普遍性的规律，与同等条件下的综采分层工作面相比，绝大多数综放面的产量和效率都可提高 3～13 倍，而成本却可降低 30%～50%，这一优势在煤炭供应紧张的形势下更为突出。应该说综放开采在技术和经济方面的巨大优势，对促进我国煤炭工业的发展起到了重要作用。综放开采技术的创新具体体现在以下几个方面。

实现了高产高效[6,14]。综放面实现高产高效是我国多年来采用综放开采取得的最突出的成就，它集中体现了综放开采在技术和经济方面的巨大优势，对促进我国煤炭工业的发展起到了重要作用，综放面高产高效的特点如下：

(1)采煤方法的改革是取得高产高效最主要的原因。即使使用由其他类型设备改造而成的综合机械化设备(没有大幅度增加设备投入)，也能得到比分层综采高得多的技术经济效益。

(2)工作面高产高效是全矿有可能在不减产的情况下，减少工作面数量，减少和简化生产环节，减少井上、井下辅助工人数，使矿井处在减人提效的良性循环中。

(3)综放开采实现高产高效，降低了资源浪费，全面减少了材料、动力、人力的消耗。综放开采的低投入、高产出充分体现了我国煤炭工业技术进步的特色。

(4)综放开采的高产高效是依靠不断进行技术改革取得的。综放开采减轻了工作面工人的劳动强度，保证了其安全。我国围绕综放面高产高效进行了大量的科学技术研究工作，对突破综放开采技术难题起到了决定性的作用。

研制了多个系列的综采关键设备[6,14-22]。在综放技术发展的初级阶段，放顶煤支架基本上是模仿国外的，其中既有仿制东欧的高位放煤支架，也有仿制西欧的多种类型的中位及低位放煤支架。由于这些类型的支架都存在一些重要的缺陷，在我国都没得到较大发展。随着新型低位放煤支架研制成功，并取得很好的效果后，放顶煤支架架型逐渐统一定型，之后又陆续推出了几种新的低位放顶煤支架架型，特别是兖州煤业集团与北京煤矿机械厂联合研制开发了国家"十五"攻关项目 ZF-800 型低位放顶煤液压支架。该支架采用高强度合金钢板，工作阻力为 6800kN，并配套使用大流量阀组，移架速度高达 15s/架，能与采煤机 9m/min 的牵引速度相匹配。在此基础上，形成了我国放顶煤支架自己的支架系列，取得了良好的技术、经济效果。我国设计的放顶煤支架大多数具备以下特点：

(1)确定支架额定工作阻力时，不按必须满足 6 倍采高岩石质量的传统要求进行，只需与同类条件下分层开采的支架额定工作阻力大体相当即可。

(2)由于双输送机、低位放煤支架放煤时产尘较小、丢煤也较少，更能适应放顶煤工作面高产的要求，我国当前设计制造的放顶煤支架一般均为双输送机、低位放煤支架。

(3)放顶煤工作面的特点是支架的顶板就是被破坏了的顶煤，架间及架前均容易漏煤，支架具备很好的封闭架间和架前的能力及具有带压移架和承载移架的能力。

(4)顶煤冒落后，一般会有部分大块煤或放煤时散落的顶煤自然成拱。我国设计的顶煤支架都有强有力的二次破煤机构和破坏散煤成拱机构，其中包括利用摆动尾梁和插板破煤及破坏二次成拱。

为适应高产高效的需要，综放工作面前后刮板输送机和采煤机、顺槽胶带输送机，都应采用大功率、大运量、高强度设备。我国已成功开发出 30 余种不同型号的电牵引采煤机，装机总功率已达 1800kW，牵引速度为 7.7～9m/min，调度速度已达到 25m/min。我国大运量重型刮板输送机运输能力为 3600t/h，功率达 1800kW，并使用双速电机，过煤量已达 1500 万 t。我国已开发了多种大运量多点驱动的可伸缩胶带输送机，输送能力为 3000～4500t/h，最大铺设长度达 6000m，软启动问题已得到解决。

提高综放开采回收率的研究取得了成效[6,23,25-33]。由于我国目前大多采用全部跨落法管理顶板，开采丢弃在采空区的煤炭很难回收；而煤炭作为不可再生能源，使综放开采保持较高的煤炭回收率尤为重要，《煤矿安全规程》第六十八条的修改也充分体现出目前国家对综放开采煤炭回收率的重视。从理论上讲，多年来我国绝大多数缓倾斜厚煤层矿井采用的长壁分层下行陷落采煤法，可以取得较高回收率，但实际上，由于开采时的厚度损失(含煤层厚度变化的损失和分层工艺难以控制的损失)、煤柱损失及局部地质构造损失等，相当多矿井的采区回收率只能达到60%～70%。引进综放开采后，一部分人认为顶煤厚度变化及与顶板的密切结合，会使综放开采顶煤回收率和含矸率都难以控制。事实上，综放开采在损失部分残煤的同时，由于其整层开采的特点可以免去大部分煤层厚度变化的损失和局部小地质构造的损失，避免了分层工艺难以控制的损失。

考虑到储量和产量统计中实际存在的误差，在提高综放开采回收率的研究中，我国十分重视理论研究结合实际工作，在提高回收率和提高回收率统计的准确性方面做了大量工作，这些工作主要包括：

(1)考虑到放煤损失是放顶煤开采中煤炭损失最多的环节，我国对采空区散体煤岩的运动规律进行了大量研究。通过实验室研究和现场试验相结合，以及选择最佳放煤参数和放煤方式确定放煤工艺的途径，以求实现放煤损失最小。中国矿业大学(北京)的王家臣教授提出的"介质流"理论也为选择最佳放煤参数和放煤方式确定放煤工艺提供了新的思路。

(2)改进工作面初采和末采技术，改进和完善过渡支架、端头支架的放煤功能，甚至取消端头支架，提高初采、末采及工作面两端的顶煤放出率。

(3)综放开采有利于加大采区设计参数，通过加大工作面长度和走向推进长度提高工作面相对采出率。

(4)根据综放开采特点，进行了大量试验和推广无煤柱开采(进行了无煤柱开采的技术和安全措施的试验)，取得了重要成果。

(5)加强储量管理和采出量统计管理，严格掌握煤厚(加强钻探要求)和采用先进技术准确统计采出煤量和含矸率、灰分、水分等指标，提高回收率数据的准确性。

(6)加强放煤管理，提高工人多放煤的积极性。

应该指出，目前提高综放开采回收率的有效措施并没有在所有的综放工作面实现，尤其是在那些煤质较硬、自然条件复杂的少数工作面回收率还比较低。因此，顶煤能否充分破碎仍是取得较高顶煤回收率的必要条件。

综放面瓦斯治理成果丰富[34-41]。放顶煤工作面一次采全高，产量大，瓦斯的绝对涌出量增加，容易导致瓦斯超限及潜在的瓦斯灾害，成为制约放顶煤技术在我国推广应用的一个重要问题。近年来，通过对综放面瓦斯来源分析、瓦斯涌出特征分析、影响瓦斯涌出量的因素分析等工作，提出了以瓦斯抽放、巷道排放为主，优化通风、加强监控监测及日常管理的综放工作面瓦斯治理措施，取得了明显成效。在瓦斯预测、瓦斯异常带超前判识，尤其是在瓦斯抽放相关技术研究及应用方面，取得了长足进步。

综放开采自燃火灾防治卓有成效[6,43-52]。目前，我国对综放开采的自燃发火威胁有了比较清楚的认识：

(1)我国厚煤层采用分层开采时，煤的自燃问题十分严重，由于分层开采采空区反复被揭露，发生自燃的位置主要在第二、三分层及以下分层，第一分层一般不发生自燃。综放开采由于不存在采空区被反复揭露的问题，在工作面推进速度较正常(>40m/月)、采空区无漏风渠道的情况下，工作面后方采空区不发生自燃。

(2)综放开采的巷道及开切眼沿煤层底板掘进，增加了巷道冒顶片帮的概率，高冒区易发生自燃，工作面下出口顶煤冒落时，曾发生过自燃的煤易复燃。实践表明，综放工作面上下两巷及开切眼是综放开采的主要自燃源，防止巷道掘进冒顶是综放开采防治火灾的主要任务。

(3)综放开采停采线一般沿推进方向有5～15m顶煤不放，冒落后不放的顶煤容易发生自燃，特别是工作面后方有漏风渠道发生自燃时，CO不外逸，因此，发现火情时，火灾已很严重。采取在工作面停止放煤后，立即向顶煤钻孔注阻化剂或其他阻燃浆液及加快回撤设备的速度，可有效防止停采自燃。

(4)综放开采工作面两端遗留残煤多，易自燃，冒落不密实，当采用无煤柱开采时，沿空巷一侧的空区内容易因漏风引发自燃或复燃，已燃采空区的有害气体必将沿空巷渗出。实践证明向沿空巷采空区一侧灌注黄泥浆及其他阻燃物质是有效的。

综放开采的基础理论研究取得较大进展。综放开采技术研究和基础理论研究工作取得的主要成果如下。

(1)综放工作面矿山压力及岩层移动的研究。

由于一次采出厚度成倍增加，人们曾经担心厚煤层全厚综放开采采动影响的范围及剧烈程度会明显大于分层开采，对工作面产生的威胁可能比分层开采大。综放开采矿压显现的研究成果表明，综放开采的采动主要对工作面前方煤体的破坏影响严重，但却缓解了工作面空间的某些矿压显现，在某种程度上甚至可以减缓工作面的一些动力现象。与中厚煤层开采相比，放顶煤开采顶板运动过程中虽然也能形成冒落带、裂隙带和弯曲下沉带(简称"三带")，但"三带"的位置和各带内岩层的运动及结构特征都有明显的差别[51-56]。

(2)顶煤可放性的研究。

顶煤的可放性是评价煤层能否应用放顶煤开采的基本评价，在模糊动态聚类、模糊评价法、统计分析等理论基础上进行的顶煤可放性(可冒放性)研究工作,对影响放顶煤可行性的各种因素进行了充分研究,取得了可喜的成果。目前,定量分析的准确程度虽不能完全肯定,但其关于影响因素方面的定性研究成果对放顶煤开采的应用评价起到了很重要的作用[28-32, 57-64]。

(3)顶煤和直接顶冒落后的破碎体运动研究。

借鉴金属放矿理论或介质流理论,通过现场实地统计、数值模拟和实验室大量模拟放煤过程的破碎体运动,初步解释了放煤过程中,破碎的煤、岩石的运动规律及其与放煤方式、放煤参数的关系,为优化放煤工艺参数和提高回收率提供了初步的理论依据。近年来,放煤过程的可视化研究也为直观、便捷地研究破碎体的运动规律打下了良好的基础[28-30]。

(4)平巷支护研究。

实践表明,厚煤层综放面平巷支护已经成为制约综放面高产高效的关键环节。借助于工程类比、现场实测、模拟试验、数值计算等手段,目前对综放面平巷支护取得的比较一致的结论是:综放面平巷支护采用以锚网、锚索等大变形可缩性支护为主的密闭支护方式[65-67]。

目前我国综放开采的年产量已超过 1 亿 t,直接工效在 400t/工以上,所以我国的综放开采技术处于世界领先水平。多年来的实践证明综放开采是一种高产高效、低能耗、安全、经济效益明显的采煤方法。综放采煤法的实质是在分层综合机械化采煤法的基础上,利用矿山压力作用破煤和落煤,利用液压支架放煤机构放煤,由支架后部铺设的刮板输送机运送顶煤;在生产循环内增加了一道放顶煤工序,保持工作面有两个出煤点,实现了割煤工序和放煤工序平行作业,因此该采煤方法在煤层厚度 4~18m 范围内,可以实现一次采全厚整层开采,提高了煤层开采强度,将厚煤层的资源优势转化为了开采技术优势。对于赋存不稳定、厚度变化大的缓倾斜和急倾斜特厚煤层,综放开采有较强的适应性。基于此,目前综放开采技术已得到广泛应用,成为开采厚煤层的主要开采技术,进而使综放开采技术更趋成熟。

参 考 文 献

[1] 张顶立. 综合机械化放顶煤开采采场矿山压力控制[M]. 北京: 煤炭工业出版社, 1999.

[2] 靳钟名. 放顶煤开采理论与技术[M]. 北京: 煤炭工业出版社, 2001.

[3] Singh R, Singh T N. Investigation into the behaviour of a support system and roof strata during sublevel caving of a thick coal seam[J]. Geotechnical and Geological Engineering, 1999, 17(1): 21-35.

[4] Unver B. Possibility of efficient application of semi-mechanization in longwall mining in thick seams[J]. Journal of Mines, Metals & Fuels, 1996, 44(8): 223-230.

[5] Yasitli N E, Unver B. 3D numerical modeling of longwall mining with top-coal caving[J]. International Journal of Rock Mechanics and Mining Sciences, 2005, 42(2): 219-235.

[6] 吴健. 我国综放开采技术 15 年回顾[J]. 中国煤炭, 1999, 25(1): 9-16.

[7] 孟宪锐, 李建民. 现代放顶煤开采理论与实用技术[M]. 徐州: 中国矿业大学出版社, 2001.

[8] 樊运策, 黄福昌, 席京德, 等. 提高综放工作面采出率的试验研究[J]. 煤, 1998, 7(3): 8-11.

[9] 中华人民共和国国家统计局. 中国统计年鉴-2008[M]. 北京: 中国统计出版社, 2008.

[10] 周英, 南华, 李东印. 易自燃煤层综放工艺模式建立与优化[J]. 中国煤炭, 2006, 32(3): 41-43.

[11] 国家安全生产监督管理总局, 国家煤矿安全监察局. 煤矿安全技术"专家会诊"资料汇编: 上册[M]. 北京: 煤炭工业出版社, 2006.

[12] 中华人民共和国中央人民政府. 中国煤炭工业协会: 07年全国原煤产量为25.23亿吨[EB/OL]. (2008-02-29)[2019-05-20]. http://www.gov.cn/jrzg/2008-02/29/content_905792.htm.

[13] 张东升, 徐金海. 矿井高产高效开采模式及新技术[M]. 徐州: 中国矿业大学出版社, 2003.

[14] 王家臣. 我国综放开采技术及深层次发展问题的探讨[J]. 煤炭科学技术, 2005, 33(1): 14-17.

[15] 王金华. 中国高效综采技术装备的现状与发展[J]. 煤矿机电, 2002, (6): 1-6.

[16] 石延国, 崔松竹. 厚煤层综采放顶煤开采经验[J]. 煤炭工程, 2007, (3): 56-58.

[17] 王家峰, 刘建新. 综采工作面轻型放顶煤支架使用情况分析[J]. 煤炭技术, 2002, 21(5): 24-26.

[18] 薛忠臻, 李文平. "三软"地层轻型支架放顶煤实践与认识[J]. 山东煤炭科技, 2002, (3) 1-2.

[19] 孟宪锐, 陈海波, 尚兴宝, 等. 轻型放顶煤支架的研制及其应用[J]. 矿山压力与顶板管理, 2002, 19(4): 48-50.

[20] 吴士良, 史振凡. 轻型支架放顶煤开采研究[J]. 煤, 1999, (4) 22-23.

[21] Ren B C, Li Z G, Wang Z W. Study on adaptation of sub-level powered support in "three soft" coal bed[C]. Proceedings in Mining Science and Safety Technology, Jiaozuo, 2002: 683-685

[22] Kang T H, Jin Z M. Laws of coal-rock movement and derived support parameters for a fully mechanized sub-level caving face in a gently inclined seam[J]. International Mining & Minerals, 1999, 2(21): 255-259.

[23] 郭忠平. 顶煤开采顶煤贫化率优化研究[J]. 煤炭学报, 2000, 25(2): 137-140.

[24] 李建民. 章之燕千米深井大倾角特厚煤层综放开采技术实践[J]. 煤炭科学技术, 2007, 35(10): 29-32.

[25] Nan H, Zhou Y, Dai Y H. The effect to the extraction ration by the fully mechanized sub-level caving mining support's canopy length, the gob shield angle and the gob shield surface coefficient[C]. Proceedings in Mining Science and Safety Technology, Jiaozuo, 2002: 101-104.

[26] 南华, 张光耀, 陈立伟, 等. 特厚煤层综放工艺研究[C]. 2005 年综采放顶煤与安全技术研讨会, 杭州, 2005: 202-208.

[27] 国家安全生产监督管理总局. 关于修改<煤矿安全规程>第六十八条和第一百五十八条的决定[EB/OL]. (2006-10-25)[2019-04-20]. http://www.gov.cn/govweb/ziliao/flfg/2006-11/13/content-44044.htm.

[28] 于海勇, 贾恩立, 穆荣昌. 放顶煤开采基础理论[M]. 北京: 煤炭工业出版社, 1995.

[29] 王家臣, 富强. 低位综放开采顶煤放出的散体介质理论与应用[J]. 煤炭学报, 2002, 27(4): 337-341.

[30] 王家臣, 李志刚, 陈亚军, 等. 综放开采顶煤放出散体介质理论的试验研究[J]. 煤炭学报, 2004, 29(3): 260-263.

[31] 宋选民. 综放采场顶煤冒放性控制理论及其应用[M]. 北京: 煤炭工业出版社, 2002.

[32] 南华, 温英明, 周英. 综放支架部分参数对顶煤回收率的影响[J]. 焦作工学院学报(自然科学版), 2002, 21(6): 405-409.

[33] 刘志忠. 利用深孔控制预裂爆破技术提高综放工作面顶煤回收率[J]. 煤矿安全, 2006, 37(3): 33-35.

[34] 马丕梁, 蔡成功. 我国煤矿瓦斯综合治理现状及发展战略[J]. 煤炭科学技术, 2007, 35(12): 7-16.

[35] 马丕梁. 我国煤矿抽放瓦斯现状及发展前景[J]. 煤矿安全, 2007, 38(3): 48-51.

[36] 彭成. 我国煤矿瓦斯抽采与利用的现状及问题[J]. 中国煤炭, 2007, 33(2): 60-64.

[37] 王兆丰, 刘军. 我国煤矿瓦斯抽放存在的问题及对策探讨[J]. 煤矿安全, 2005, 36(3): 29-33.

[38] 孟宪锐, 张文超, 贺永强. 高瓦斯综放面瓦斯涌出特征研究[J]. 采矿与安全工程学报, 2006, 23(4): 420-423.

[39] 李宗翔, 鲁忠良, 魏建平, 等. 厚煤层分层开采与综放开采瓦斯涌出量对比分析[J]. 中国矿业, 2006, 15(6): 43-45.

[40] 为州帅, 丁伯灿, 例平军 特厚煤层综放开采瓦斯综合防治技术分析[J]. 采矿与安全工程学报, 2006, 23(2): 236-240.

[41] 吕品, 马云歌, 周心权. 上隅角瓦斯浓度动态预测模型的研究及应用[J]. 煤炭学报, 2006, 31(4): 461-465.

[42] 张文平. 综放支架放煤口负压捕尘装置技术研究[J]. 中国煤炭, 2007, 33(4): 35-37.

[43] 康守海, 赵哲, 马忠立, 等. 关于火区封闭顺序的探讨[J]. 煤矿安全, 2007, 38(11): 72-74.

[44] 李宗翔, 秦书玉, 李大英. 综放工作面采空区自然发火的数值模拟研究[J]. 煤炭学报, 1999, 24(5): 494-497.

[45] 贾学勤, 周军民. 极易燃厚煤层综放开采防灭火技术研究[J]. 煤, 2002, 11(1): 16-19.

[46] 韩云龙. 厚煤层综采放顶煤工作面防灭火技术的探讨[J]. 矿业安全与环保, 2002, 29(4): 33-34.

[47] 罗海珠, 梁运涛. 高瓦斯易燃特厚煤层综放开采自燃防治技术[J]. 煤炭科学技术, 2002, 30(9): 1-4.

[48] 张成庆, 王瑞. 放顶煤开采发火原因及防火措施分析[J]. 煤矿安全, 2002, 33(6): 51-52.

[49] Miccio F, Loffler G, Wargadalam V J , et al. The influence of SO$_2$ level and operating conditions on NO$_x$ and N$_2$O emissions during fluidised bed combustion of coals[J]. Fuel, 2001, 80(11): 1555-1566.

[50] Tokuda K, Okamoto A, Fukuda H, et al. Development and operation results of low NO$_x$ - high efficiency coal fired new CUF boiler[J]. Fuel and Energy Abstracts, 1996, 37(6): 444.

[51] Deng J, Xu J M. Analysis of the danger zone liable to spontaneous ignition around coal roadway at fully mechanized long-wall top-coal caving face[J]. Journal of Coal Science & Engineering(China), 2002, 8(2): 55-59.

[52] 王家臣. 关于综放开采技术安全问题的几点认识[J]. 中国安全生产科学技术, 2005, 1(5): 21-25.

[53] 樊运策, 康立军, 康永华, 等. 综合机械化放顶煤开采技术[M]. 北京: 煤炭工业出版社, 2003.

[54] 胡殿明, 王钦明. 综采轻放工作面煤尘分布的分析和治理[J]. 煤矿安全, 2001, 32(10): 18-19.

[55] 尚海涛, 王家臣, 王敦曾, 等. 综采放顶煤的发展与创新[M]. 徐州: 中国矿业大学出版社, 2005.

[56] 曹胜根, 缪协兴. 超长综放工作面采场矿山压力控制[J]. 煤炭学报, 2001, 26(6): 621-625.

[57] 张连勇, 纵智. 超长综放工作面矿压显现规律[J]. 山东科技大学学报(自然科学版), 2002, 1(3): 114-117.

[58] 张顶立, 钱鸣高. 综放工作面围岩结构分析[J]. 岩石力学与工程学报, 1997, 16(4): 320-326.

[59] 吴健, 张勇. 综放采场支架-围岩关系的新概念[J]. 煤炭学报, 2001, 26(4): 350-355.

[60] 贾光胜, 毛德兵. 综放开采顶煤体离层与破坏规律研究[J]. 矿山压力与顶板管理, 2002, (2): 6-10.

[61] Ma S, Cao L H, Li H Y. The improved neutral network and its application for valuing rock mass mechanical parameter[J]. Journal of Coal Science & Engineering(China), 2006, 12(1): 21-24.

[62] Cao L H, Hao S L , Chen N X. Study on resource quantity of surface water based on phase space reconstruction and neural network[J]. Journal of Coal Science & Engineering(China), 2006, 12(1): 39-42.

[63] Feng T, Zhao F J , Lin J. Study on fasART neuro-fuzzy networks for distinguishing the difficulty degree of top coal caving in steep seam [J]. Journal of Coal Science & Engineering(China), 2005, 11(2): 5-8.

[64] Bilirgen H, Levy E K, Elshabasy A. Field installations of an on-line coal flow control technology[C]. 16th Annual Joint ISA POWID/EPRI Controls and Instrumentation Conference and 49th Annual ISA Power Industry Division, POWID Symposium, Washington, 2006: 375-387.

[65] 张惠. 神东补连塔矿运输平巷支护探讨[J]. 矿山压力与顶板管理, 2004, (2): 54-55.

[66] 梁富生. 综采工作面支护方式及其选择[J]. 山西煤炭管理干部学院学报, 2004, 17(1): 51-52.

[67] 南华, 杜卫新, 周英. 易自燃巨厚煤层综放面平巷支护研究[J]. 矿业安全与环保, 2007, 34(1): 34-36.

2 放顶煤工作面顶煤的破碎研究

2.1 煤样的实验室破碎特性研究

本章主要利用 RMT-150B 岩石力学试验机和声发射仪对 A 煤矿煤样进行常规单轴、常规三轴和三轴卸围压试验,主要研究了煤样在不同应力路径下的变形破坏特性,为相似模拟和现场实测煤体破碎、位移奠定了基础。

2.1.1 研究对象的原始条件

井田边界:A 煤矿位于义马煤田中部,北部以煤层露头为界,东部以北露天煤矿和跃进煤矿为界,南部以跃进煤矿为界,西部以耿村煤矿为界。井田走向长度为 8.5km,倾斜长度为 1.5~3.5km,面积为 15km²。

矿井开拓:原井田为立井二水平上下山开拓,共有 3 个井筒,分别为主立井、副立井和回风井。后由于井田延伸和生产需要,扩大为 4 个进风井、5 个回风井,与+320m 大巷相连,采用混合式通风。从+320m 水平通过 3 条暗斜井连+65m 水平,3 条暗斜井分别为进风下山、轨道下山和输送带下山,承担二水平的通风、运人运料和煤炭运输。其中,输送带下山安装 DX2500 型胶带运输机;轨道下山采用 2t 固定式矿车运输,选用 JK-2.5/20 型单筒提升机;进风下山安装双钩串车,车数为 4 辆,选用 2JK-3-30 型双筒提升机。

二水平井底车场标高为+65m,布置一个采区,划分为 8 个区段,区段斜长 160~180m。每个区段设区段车场连接两翼,区段车场长度为 140~160m。

建设状况:A 煤矿位于义马煤田中部,1956 年建井,1958 年投产,设计生产能力为 60 万 t/a,1973 年后改扩建产量达到 125 万 t/a,1986 年后产量一直稳定在 90 万 t/a。截至试验前该矿的一水平已经开采完毕,生产主要集中在二水平,21121 工作面为生产工作面(同时也为试验工作面),采用综合机械化开采。

二水平为 A 煤矿的主采水平,因此只对二水平地质特征作详细阐述。二水平下山盘区位于+65m 水平大巷以下,东起 F3-6 断层,西至 F3-9 断层,走向长 2300~2500m,倾斜长 1300m,可采面积 3.12km²。该区煤层以二煤为主,采区下部二 1 煤、二 3 煤分开,但层间距较小。区内煤层变化为东部薄、西部厚,上部薄、下部厚,区内二煤全煤层厚 5.59~37.48m,其中纯煤厚平均为 13.81m,全区煤层地质储量 5775.7 万 t,可采储量 4245.2 万 t。

煤层结构较为复杂,夹矸层数较多,其中一层夹矸上距煤层顶板 2.2~3.0m,该层夹矸厚度为 0.4~1.8m,为细砂岩、硅质胶结,煤层含矸率二煤为 14%,二 1

煤为 26%,二 3 煤为 16%。煤种牌号为长焰煤。原煤灰分为 18.52%,属中灰;硫分为 0.82%,属特低硫煤;含磷 0.064%,属中磷煤;发热量为 21000kJ 左右;挥发分为 40.86%;煤的工业应用方向以动力用煤为主,亦可做悬浮床气化用煤。区内开采深度 670～900m。地层基本形态为一简单的单斜构造,产状平缓,走向近东西,倾向南,地层倾角为 14° 左右。F3-7 断层由南到北从盘区东西中央穿过,该断层为正断层,断层走向 5°～185°,倾向 275°,倾角 50°,落差 2～4m。煤层直接顶为泥岩,老顶以砾岩、细砂岩、泥岩互层为主,具有透水性。盘区上部直接底为砾岩、砂砾岩,盘区下部直接底为含砾黏土岩,砾岩厚度为 3～5m,砾岩抗压强度为 60～127MPa,含砾黏土岩平均抗压强度为 35.7MPa,局部地段直接底为砂岩,老底为砂岩、泥岩互层,每层厚度为 2m 左右,老底含煤线 2～4 层。二 1 煤水文地质简单,以孔隙、裂隙承压水为主,补给源不易补给,充水水源为中侏罗统砾岩水,预计正常涌水量为 30m³/h,最大涌水量为 48m³/h,在开采中后期,由于注浆水及分层开采顶板多次垮落后导水裂隙穿透泥岩隔水层,老空水增加,涌水量增大。该区沼气含量较低,由于煤层厚、瓦斯储量大,开采时瓦斯涌出量较大;煤尘爆炸指数为 47.29%,有爆炸性危险;煤层极易自燃发火,自然发火期为 20～90 天。1991 年经煤炭科学研究总院北京开采研究所鉴定,该区煤层具有中等冲击地压倾向性。

工作面概况:21121 综放工作面位于矿井西部 21 采区下山西翼,北为 21101 工作面采空区,东临 21 采区下山煤柱,南临未开采的 21141 工作面,西为矿井边界煤柱。该工作面对应地表为丘陵山地,地面无村庄和大的水体,地面标高 608.5～628m,平均 618.25m;工作面标高 -63.592～-3.056m,平均 -33.3m;工作面平均采深 651.55m。

该工作面回采二 1 煤,煤层为黑色块状及粉末状,结构复杂,含夹矸 4～8 层,夹矸岩性分别为泥岩、粉砂岩、细砂岩,煤层干燥疏松,极易自燃,煤岩类型为半光亮-半暗型。工作面走向长 1386～1442m,平均 1414m;倾斜长 132m,倾角 12°20′～15°30′,平均 13°55′;煤层厚 12.55～17.16m,平均 13.81m;工业储量 386 万 t,可采储量 329 万 t。工作面采用综合机械化放顶煤开采,采煤机切割高度为 3.2m。

构造:经该工作面施工揭露证实,F3-7、F3-9 断层在工作面内部穿过,F3-7 断层在该地段落差为 3～4.3m,因工作面东部在煤柱内,对回采无影响;F3-9 断层在轨道巷 121 西 4.2m 处揭露,因该断层在井田上部落差较大,进入深部逐渐变小(落差 3～4m),对回采有一定影响。

水文:该工作面水文地质条件简单。该工作面为厚煤层综放工作面,开采放煤后所形成的冒落空间大,裂隙发育程度高,有可能与上部砾岩含水层沟通,导致工作面顶板突水,工作面向外推至 270m 处,工作面上部 33m 宽进入 21101 工作面采空区,因工作面开采时间长,采空区内有积水现象,工作面回采至 21101

切眼 100m 时，应对 21101 工作面采空区进行探放水，为减少顶板水害造成的影响，在平巷低洼地带挖好临时水仓，安设排水设备，随时作好排水准备。

工作面上覆岩石运移：工作面地层综合柱状图如图 2-1 所示。泥岩的平均抗

均厚/m	柱状	岩石名称	岩性描述
133.47		至地表综合地层	综合地层
8.55		砂质黏土	棕色，致密，含少许砂，可塑性尚好，黏结性差
47.88		钙质黏土	乳白色，下部为浅绿色含黄色理块，黏结性、可塑性好
29.42		砂质黏土	棕色，中-细砂，见少许钙质结核
1.45		砂岩	棕红色，中细粒，见少许结核，黏土胶结，半固结较硬
1.35		黏土夹砾石	浅黄色，黏结性、可塑性好，见少量砾石
1.44		砾石	浅灰色，块状，以石灰岩砾石为主，有裂隙，砾石直径大于0.10m，性硬
12.58		泥岩	浅灰色，块状，245.20~248.30m，为紫红色，强风化，下部见少许植物化石碎片
1.70		细砂岩	浅灰色，块状，性硬，有大量裂隙，被方解石脉充填，见少许白云母碎片
5.91		泥岩	浅灰色，块状，性脆，含大量植物化石
9.72		煤	黑色，粉末状，局部为块状半亮型煤，煤条带状内生裂隙发育
9.59		细砂岩	浅灰色，块状，性硬，有大量裂隙，被方解石脉充填，见少许白云母碎片

图 2-1　地层综合柱状图

压强度为 2.8MPa，粉砂岩类的平均抗压强度为 4.6MPa。工作面上覆岩石运移采用
UDEC 软件进行模拟分析，围岩物理力学性质参照工作面实际岩体力学特性确定。
在岩层移动数值模拟中，走向方向长 300m，垂直方向高 110m，切眼和停采线往外
50m 煤柱作为固定边界，煤层上方 90m 岩层范围作为研究对象，采用平面应变模
型。计算模型的位移边界条件为：模型的左右和上下边界为位移边界，左右边界限
制水平方向的位移，下部边界限制竖直方向的位移，上部边界为自由边界。上部边
界以上的松散层作为外载荷施加在模型的上边界上。数值计算模型如图 2-2 所示。

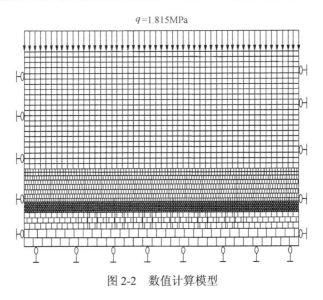

$q=1.815\text{MPa}$

图 2-2 数值计算模型

数值计算岩块采用莫尔-库仑模型，节理模型采用节理面接触库仑滑移模型。
岩层节理简化为水平方向与竖直方向两组节理，各岩层的材料属性参数设置见
表 2-1。设计开采方案如下：沿煤层走向开挖，采高为 9.0m，每次开挖 10m，分
析推进过程中应力拱变化及采动裂隙发育规律。采深为 560m，垂直应力采用上覆
岩石容重与厚度计算，水平应力采用泊松比计算。

表 2-1 煤岩块体物理力学参数表

岩性	厚度/m	容重/(kg/m³)	弹性模量/GPa	泊松比	抗拉强度/MPa	内聚力/MPa	内摩擦角/(°)
砂质黏土	66	1300	0.40	0.36	0.08	0.10	20
砂岩	4	1400	0.35	0.35	0.05	0.06	21
风化泥岩	13	2400	1.05	0.33	1.20	0.80	33
细砂岩	2	2640	1.52	0.26	1.92	2.30	37
泥岩	6	2540	1.23	0.30	0.50	1.20	35
煤	9	1400	0.80	0.32	0.06	0.50	33
细砂岩	10	2640	2.85	0.26	1.82	2.30	37

图 2-3 为工作面不同推进距离时应力拱变化图。从图中可以看出：①覆岩主应力分区明显，采空区冒落带区域内为低应力区，覆岩裂隙带内形成高应力区，并呈拱状，在近煤壁处形成低应力的应力拱，在远离煤壁处形成高应力的应力拱。②应力拱在初次来压前，一端位于切眼煤壁内，另一端位于工作面前方煤壁中，如图 2-3(a) 所示。随着覆岩垮落，采空区逐渐压实，应力拱的后拱脚逐渐前移，在稳定的矸石中形成应力集中区，前拱脚随着工作面的推进而不断前移，如图 2-3(b)、(c) 所示。③应力拱随着工作面的推进而整体前移，稳定后应力拱的跨度约为 30m，拱高在初次来压后迅速发育到最高，随着工作面推进，应力拱顶部近似为一条水平线。

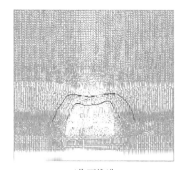 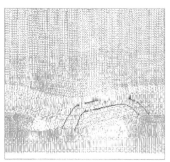

(a) 工作面推进30m   (b) 工作面推进60m

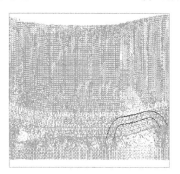

(c) 工作面推进120m

图 2-3　工作面不同推进距离时应力拱变化图(文后见彩图)

煤层采出后，由于应力拱的存在，采空区上方岩层质量将向采空区周围新的支撑点转移，从而在采空区周围形成支承压力带。工作面前方形成的超前支承压力随工作面推进而不断前移，图 2-4 和图 2-5 反映的是工作面初次来压阶段和正常回采阶段支承压力的变化情况。工作面初次来压期间，应力集中系数 K_p=1.39。工作面正常回采期间，应力集中系数 K_p=1.33。由于地应力资料缺失，进行模拟的只是应力的变化趋势而非实际应力的分布情况，通过模拟可确定应力集中系数为 1.3～1.4，在工作面初次来压阶段宜取较大值，正常回采阶段可取较小值。

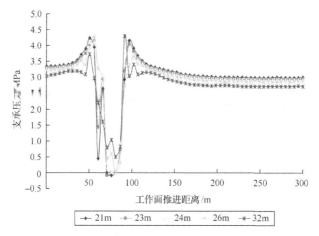

图 2-4　工作面初次来压时支承压力变化曲线(文后见彩图)

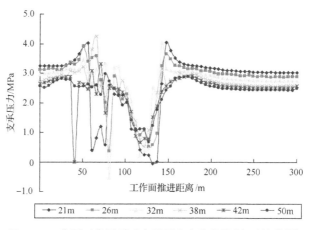

图 2-5　工作面正常回采时支承压力变化曲线(文后见彩图)

2.1.2　煤样的实验室力学及破碎特性试验

2.1.2.1　试验目的

煤的实验室破碎特性是进一步研究特厚煤层煤体破碎、变形现场测试的参考依据，也是特厚煤层煤体破碎、变形相似模拟试验的基本依据。因此，先对河南能源义马煤业集团股份有限公司 A 煤矿 21121 工作面开采的二1煤进行了不同受力状态下力学及破碎特性研究。

2.1.2.2　煤样采集及试样制作

由于 A 煤矿 21121 工作面煤层受采动震动影响比较大，裂隙多而宽，漏风严重。为使采集的煤样具有代表性，除采集工作面煤层的煤样外，还采集开切眼区域，以及上、下顺槽顶部及两帮区域等具有严重自燃隐患区域的煤样。按这样的方法布置采样点，采取有代表性的试样，同一地点可采两个试样。煤样采集采用取心钻孔法采集，取样深度大于工作面的应力集中带宽度。

在地质构造复杂、破坏严重(如有断层等造成破坏带及岩浆侵入等情况)的地带，或煤岩成分在煤层中分布状态明显，如镜煤和亮煤集中存在并含有丝炭的地点，或煤层中富含黄铁矿的地点，分别加采煤样，并描述采样点的具体情况。煤样取采地点煤质软时，采用在采样地点取大块煤或在暴露面直接施工钻孔的方法采集煤样。每个煤样必须备有两张标签，分别放在装煤样的容器(务必用塑料袋包好，以防受潮)中和贴在容器外。

煤样按照国家标准《煤和岩石物理力学性质测定方法　第 9 部分：煤和岩石三轴强度及变形参数测定方法》(GB/T 23561.9—2009)的要求，沿垂直层理方向加工成直径为 50mm、长度为 100mm 的圆柱体煤样，煤样两端不平行度小于 0.05mm。在 RMT-150B 岩石力学试验系统上通过对煤样进行常规单轴、常规三轴和三轴卸围压试验，并实现轴向加载和声发射同步检测。由于煤体强度较小且受到节理、裂隙等自然条件和制作条件及工艺等人为因素的影响，共制作出 16 个圆柱形标准试件用于本次试验，标准试件占钻取总试件的 18%。

2.1.2.3　试验设备和方法

试验加载设备采用 RMT-150B 岩石力学试验系统。该系统最大轴向加载载荷为 1000kN，全数字计算机自动控制，采用力、位移、行程多种控制方式，实时显示，并具有自动采集功能。声发射测试系统采用北京科海恒生科技有限公司生产的 CDAE-1 声发射检测与分析仪，采用速率为 1.5MHz、门槛值为 48dB，声发射传感器的频率为 100～450MHz。单轴压缩时，声发射传感器与试样之间采用真空硅脂作为耦合剂，并用胶带固定，传感器布置在试样的中部两侧；三轴压缩时，声发射传感器布置在三轴缸筒外侧，煤样三轴压缩试验声发射测试系统如图 2-6 所示。

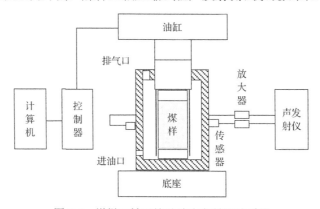

图 2-6　煤样三轴压缩试验声发射测试系统

煤样的实验室加载试验一般采用单轴或假三轴的方法，本次试验煤样分别进行常规单轴、常规三轴和三轴卸围压 3 种方式，煤样的载荷加载路径如图 2-7 所示，所有试验轴向加载与声发射检测都同步进行。

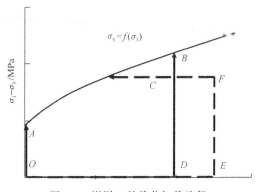

图 2-7　煤样 3 种载荷加载路径
σ_S-极限剪应力

路径 1：单轴压缩加载路径为 OA。采用位移控制方式，轴向加载位移速率为 0.005mm/s，连续加载至试样完全破坏。重复做 5 个煤样，试样编号分别为 B1、B2、B3、B4、B5。

路径 2：常规三轴加载路径为 $OD \to DB$。采用位移控制方式，围压分别选用 5MPa、10MPa、20MPa，围压加载速率为 0.5MPa/s，轴向加载位移速率均为 0.005mm/s。首先按静水压力条件逐步施加 $\sigma_1 = \sigma_3$ 至预定的围压值；其次连续加载至试样完全破坏。重复做 5 个煤样，试样编号分别为 A1、A2、A3、A4、A5。

路径 3：三轴卸围压加载路径为 $OE \to EF \to FC$。采用载荷控制方式，围压分别选用 5MPa、10MPa、20MPa，围压加载速率为 0.5MPa/s，轴向加载速率为 1kN/s。首先按静水压力条件逐步施加 $\sigma_1 = \sigma_3$ 至预定的围压值；其次连续施加轴压至该围压条件下预计极限承载能力的 60%～70%，且超过煤样单轴压缩强度；最后在保持主应力差 ($\sigma_1 - \sigma_3$) 不变的条件下逐步降低围压，直至煤样破坏。重复做 5 个煤样，试样编号分别为 A6、A7、A8、A9、A10。

2.1.2.4　煤样的变形与强度特征

图 2-8～图 2-10 是部分煤样常规单轴、常规三轴和三轴卸围压试验煤样的应力-应变全程曲线，图 2-9 中曲线旁边数字表示围压值，图 2-10 中曲线旁边数字表示破坏时瞬时围压值。煤样常规单轴、常规三轴和三轴卸围压试验在河南理工大学实验室进行，使用的是微机控制电液伺服压力试验机。

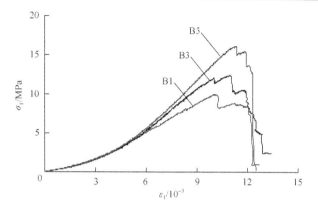

图 2-8　常规单轴加载试验煤样的应力-应变全程曲线

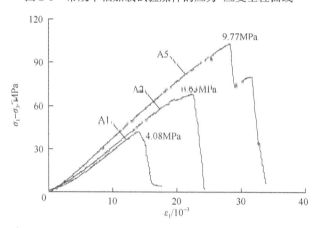

图 2-9　常规三轴加载试验煤样的应力-应变全程曲线

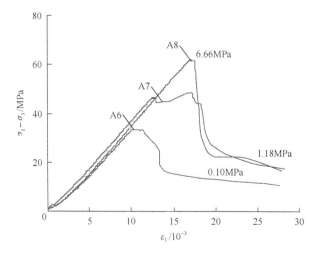

图 2-10　三轴卸围压试验煤样的应力-应变全程曲线

从图 2-8~图 2-10 可以看出，煤样载荷加载路径不同，其变形和强度特征也有所不同。B1、B3 和 B5 煤样常规单轴压缩经历压密、弹性、屈服和破坏 4 个阶段，3 个煤样压密阶段基本一致，压密阶段较长，强度分别为 9.98MPa、12.41MPa 和 16.06MPa，试验结果离散性较大，表明煤样的非均质特征明显(图 2-8)。

A1、A2、A5 煤样常规三轴加载试验的应力-应变全程曲线如图 2-9 所示。由图可以看出，在围压作用下，煤样内部原始裂隙被压密，在屈服阶段以前应力应变基本呈线性关系，表现出良好的弹性特征。承载能力随围压的增加而增强，弹性模量也稍有增大。峰后应力跌落迅速，具有明显峰值点，表现出脆性破坏特征。

A6、A7、A8 煤样三轴卸围压试验应力-应变全程曲线如图 2-10 所示。与常规三轴加载试验相比，峰值前的变形特征大致相同，应力-应变也呈线性关系，而在峰值区域变形存在较大差异，没有明显峰值点，出现明显的屈服平台。这是在保持主应力差 $\sigma_1 - \sigma_3$ 恒定，逐步降低围压直至煤样破坏下得到的试验结果。表明在卸围压过程中由正应力提供的摩擦力不断减小，煤样内部某区域材料强度相对较低，不断屈服破坏并产生滑移，随着围压不断减小轴向位移量不断增加，当轴向位移量超过极限时或轴压 σ_1 和围压 σ_3 满足一定的应力组合条件时，煤样迅速沿主控破裂面宏观滑移，煤样整体失去承载能力。承载能力随围压的增加而增强，弹性模量也有所增加，峰后应力随变形跌落较慢，具有较高的残余应力。

煤样常规单轴、常规三轴及三轴卸围压试验的部分结果见表 2-2。

表 2-2 煤样力学性质试验结果

试样编号	直径/mm	长度/mm	质量/kg	加载方式	围压/MPa	强度/MPa	弹性模量/GPa
B1	49.5	96.58	249.5		0.0	9.98	1.25
B3	49.6	101.1	256.0	常规单轴	0.0	12.41	1.72
B5	49.7	98.6	256.5		0.0	16.06	1.99
A1	49.8	99.9	264.0		5.0	45.46	3.30
A2	49.8	101.5	268.5	常规三轴	10.0	75.53	3.62
A5	49.67	99.3	259.0		20.0	122.6	4.02
A6	49.7	99.5	262.0		0.10	33.63	3.66
A7	49.6	98.8	268.0	三轴卸围压	1.18	49.75	3.95
A8	49.9	99.8	269.5		6.66	68.86	3.86

常规单轴加载试验的承载能力和弹性模量明显低于常规三轴加载的试验结果。从图 2-11 可以看出，试样承载能力随围压的提高而增大，围压与承载能力大致呈线性关系，与载荷加载路径没有明显关系，符合库仑强度准则 $\sigma_S = Q + K\sigma_3$，简记为 $T(Q, K)$，参数 Q 表示煤样单轴压缩完全剪切破坏对应的强度，参数 K 则表示围压对轴向承载能力的影响系数，对常规三轴和三轴卸围压试验结果进行联合线性回归，得到强度准则为 $T(4.26, 35.48)$，R^2 为 9.95。

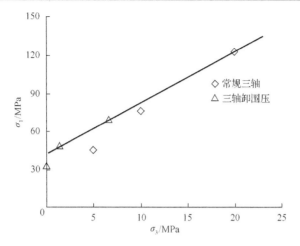

图 2-11　常规三轴、三轴卸围压试验部分结果强度准则回归

2.1.2.5　煤样的声发射及破坏特征

1) 常规单轴的声发射及破坏特征

图 2-12 给出了 B5 煤样常规单轴试验变形破坏过程中的声发射特征测试结果（限于篇幅，其他煤样声发射特征检测结果略）。可以看出，煤样单轴压缩变形破坏过程中的声发射特征有以下规律：

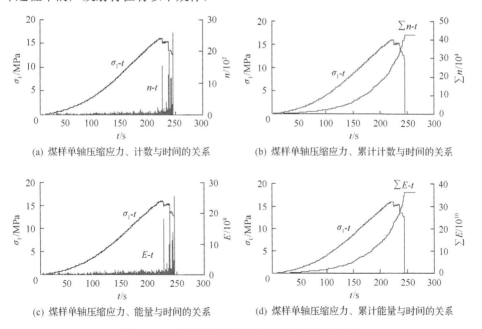

(a) 煤样单轴压缩应力、计数与时间的关系　　　(b) 煤样单轴压缩应力、累计计数与时间的关系

(c) 煤样单轴压缩应力、能量与时间的关系　　　(d) 煤样单轴压缩应力、累计能量与时间的关系

图 2-12　B5 煤样常规单轴试验声发射测试结果

(1)煤样加载初期压密阶段，经历时间在110s以内，应力在31%峰值强度(5MPa)以内，应力-时间曲线出现上凹。此阶段有不同程度的声发射活动，小事件开始出现，声发射的计数少、能量较小，累计计数约占总数的6.4%，累计能量约占总数的6.2%。可以理解为煤样在较低的应力作用下，内部某些原始裂纹开始闭合，闭合过程及闭合后部分粗糙面咬合破坏都会产生声发射，但能量较低，往往具有很大的波动性。

(2)随着载荷的缓慢增加进入弹性阶段，经历时间在110～200s，应力为31%～87%峰值强度(5～14MPa)，此阶段声发射活动仍然较少，累计计数从6.4%左右增加到40%左右，累计能量从6.2%左右增加到37.8%左右，该阶段煤样受到的应力还不足以形成新裂纹，应力-时间大致呈线性关系，但煤样试样内部某些闭合的裂纹表面之间同样会发生滑移，因此，也会产生能量较低的声发射事件。

(3)继续增加载荷进入屈服阶段，经历时间在200～224s，应力在87%～100%峰值强度(14～16.06MPa)时，应力-时间曲线偏离直线，表现出煤样的初步损伤发展过程，煤样的新裂纹开始形成，试件出现扩容现象，此阶段声发射事件开始增加，声发射计数和能量都逐渐趋于活跃，累计计数从40%左右增加到62%左右，累计能量从37.8%左右增加到58.8%左右。

(4)一旦载荷达到煤样的极限承载能力便进入破坏阶段，经历时间在224～263s，应力达到峰值强度(16.06MPa)时，某些微裂纹发生聚合、贯通，从而导致宏观破裂面形成，表明裂纹之间的相互作用开始加剧，声发射活动异常活跃，在煤样破坏时均达到最大值，此阶段的声发射计数和能量迅速提高，累计计数从62%左右增加到100%，累计能量从58.8%左右增加到100%；随后煤样内部沿某破裂面产生宏观滑移，在滑移初期，摩擦作用使得煤样纵向出现拉应力，应力迅速跌落、煤样整体失去承载能力的过程，声发射计数和能量相对较高，煤样破坏后，应力立即跌落至零点，声发射计数和能量也随即减少。由图2-12(b)和(d)可以看出，煤样在单轴压缩变形破坏过程中的声发射累计计数、累计能量与时间大致呈抛物线关系。

2)常规三轴的声发射及破坏特征

图2-13给出了A1煤样常规三轴压缩变形过程中的声发射测试结果(其他煤样声发射特征检测结果略)，围压为5MPa。可以看出，煤样常规三轴压缩变形破坏过程中的声发射特征有以下规律：

(1)煤样加载初期压密阶段，应力-时间曲线稍有上凹，压密阶段并不明显，经历时间在100s以内，主应力差在26.4%峰值强度(10.7MPa)以内，此阶段有不同程度的声发射活动，小事件开始出现，与单轴压缩比较，声发射计数和能量极少。累计计数约占总数的2.5%，累计能量约占总数的3.2%。这是由于煤样在5MPa围压作用下，煤样内某些原始裂纹已经闭合，在轴向应力增加过程中，已经闭合后的原始裂纹的部分粗糙面咬合破坏都会产生声发射现象，但能量较低。

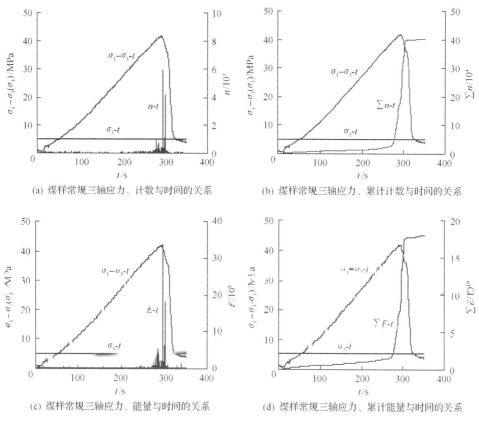

(a) 煤样常规三轴应力、计数与时间的关系

(b) 煤样常规三轴应力、累计计数与时间的关系

(c) 煤样常规三轴应力、能量与时间的关系

(d) 煤样常规三轴应力、累计能量与时间的关系

图2-13 A1煤样常规三轴试验声发射测试结果

(2)随着荷载的缓慢增加进入弹性阶段,经历时间在100～277s,主应力差为26.4%～95.1%峰值强度(10.6～38.5MPa)。在围压作用下,该阶段煤样所受轴向应力还不足以形成新裂纹,材料处于弹性状态,应力-时间保持线性关系,但部分煤样试样内部某些闭合的裂纹表面之间同样会发生滑移,因此,也会产生能量较低的声发射事件。此阶段的声发射活动仍然较少,累计计数从2.5%左右增加到10.1%左右,累计能量从3.2%左右增加到11.7%左右。由图2-13(b)和(d)可以看出,煤样屈服前声发射事件比较少,声发射累计计数和累计能量与时间大致呈线性关系。

(3)继续加载进入屈服阶段,经历时间在277～293s,主应力差为95.1%～100%峰值强度(38.5～40.46MPa),应力-时间曲线偏离直线,表现出煤样的初步损伤发展过程,煤样的新裂纹开始形成,试件出现扩容现象,此阶段的声发射计数和能量都逐渐趋于活跃,计数和能量有所增大,累计计数从10.1%左右增加到48.3%左右,累计能量从11.7%左右增加到46.3%左右。

(4)一旦应力达到煤样的极限承载能力便进入破坏阶段,经历时间在293～350s,

主应力差达到峰值强度(40.46MPa)时，声发射计数和能量迅速提高，表明裂纹之间的相互作用开始加剧，某些微裂纹发生聚合、贯通，从而导致宏观破裂面形成，在煤样破坏时声发射计数和能量均达到最大值，累计计数从 48.3%左右增加到 100%，累计能量从 46.3%左右增加到 100%。煤样内部沿某破裂面产生宏观滑移，轴向应力迅速跌落，煤样整体失去承载能力的过程，声发射活动迅速减少，声发射计数和能量也随即减少。

3)三轴卸围压的声发射及破坏特征

图2-14给出了A8煤样三轴卸围压变形破坏过程中的声发射测试结果(其他煤样声发射特征检测结果略)，初始围压为 20MPa。与常规单轴和常规三轴试验结果比较，从图 2-14 可以看出，煤样三轴卸围压变形破坏过程中的声发射特征有以下规律:

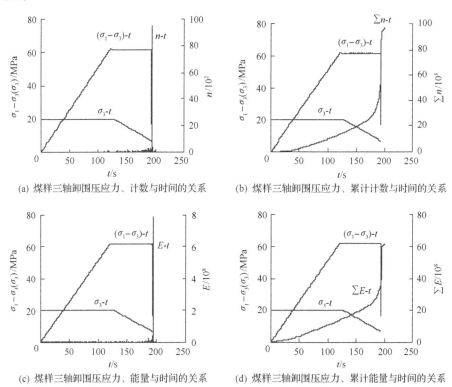

(a) 煤样三轴卸围压应力、计数与时间的关系　　(b) 煤样三轴卸围压应力、累计计数与时间的关系

(c) 煤样三轴卸围压应力、能量与时间的关系　　(d) 煤样三轴卸围压应力、累计能量与时间的关系

图 2-14　A8 煤样三轴卸围压试验声发射测试结果

(1)在20MPa围压作用下，围压值已经超过煤样单轴强度的最大值(16.06MPa)，煤样内某些原始裂纹已经闭合，压密阶段变得不明显。时间在 20s 以内，主应力差在 16.2%峰值强度(10MPa)以内，此阶段几乎没有检测到有声发射信号，声发射计数和能量很少，累计计数约占总数的 0.4%，累计能量约占总数的 1.7%。

（2）随着轴向应力的缓慢增加进入弹性阶段，经历时间在 20～125s，主应力差在 16.2%～100%峰值强度（10～61.8MPa），也就是将载荷加载至该围压条件下极限承载能力的 60%左右（该围压条件下常规三轴压缩时煤样极限强度为 122.6MPa），且超过煤样单轴压缩强度。此阶段应力-时间仍然保持良好的线性关系，此阶段有声发射活动，声发射计数和能量仍然较少，但部分煤样试样内部某些闭合的裂纹表面之间同样会发生滑移，因此，也会产生能量较低的声发射事件，此阶段声发射累计计数从 0.4%左右增加到 14.2%左右，累计能量从 1.7%左右增加到 23.2%左右。由图 2-14(b)和(d)可以看出，煤样屈服前声发射事件比较少，声发射累计计数和累计能量与时间大致呈线性关系。

（3）保持主应力差 σ_1-σ_3 恒定，逐步降低围压进入屈服破坏阶段。经历时间在 125～193s，声发射计数和能量增加迅速，声发射累计计数和累计能量与时间偏离线性关系，出现明显增加趋势，如图 2-14(b)和(d)所示，声发射累计计数从 14.2%左右增加到 62.8%左右，累计能量从 23.2%左右增加到 63.0%左右，与常规单轴和常规三轴压缩应力-时间全程曲线相比，煤样在峰值区域出现明显的屈服平台，表明在卸围压过程中由正应力提供的摩擦力不断减小，煤样内部某区域材料强度相对较低、不断屈服破坏并产生滑移。

（4）随着围压继续减小，当主应力差达到峰值强度（61.8MPa）、轴压 σ_1 和围压 σ_3 满足一定应力组合条件时，在煤样迅速沿主控破裂面宏观滑移的瞬间，经历0.2s 的时间，煤样迅速失去承载能力，此阶段的声发射事件剧烈，声发射计数和能量同步达到最大值，累计计数从 62.8%左右增加到 100%，累计能量从 63.0%左右增加到 100%。一旦轴向应力跌落到最低，声发射也迅速减少，声发射累计计数和累计能量与时间趋于稳定。

2.2 工作面前方煤体破碎、运移的现场测试研究

工作面前方煤体破碎、运移是该部分煤体瓦斯预测的基础，本章主要通过对 A 煤矿 21121 工作面系统的超前支承压力监测、煤体深基点位移观测、平巷变形观测，研究工作面前方煤体的破碎、运移情况。测试矿井建设与开采背景、地质概况及工作面概况如 2.1 节所述。

2.2.1 测试内容、方法及装置

1）煤体应力现场测试

煤体应力现场测试是采用 KBSⅡ型钻孔应力计观测的。在工作面上平巷从下往上布置 4 条观测线，Ⅰ、Ⅱ观测线各孔深 25m，Ⅲ、Ⅳ观测线各孔深 12m；观测线上均布置间距为 5m 的 6 个测点，图 2-15、图 2-16 为埋设 KBSⅡ型钻孔应力计测点布置示意图。

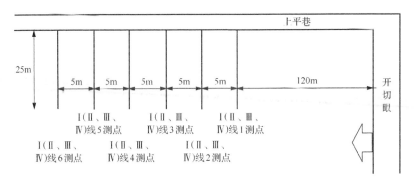

图 2-15　KBS Ⅱ型钻孔应力计测试平面布置示意图

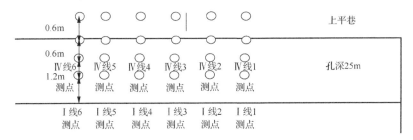

图 2-16　KBS Ⅱ型钻孔应力计测试剖面布置示意图

2)煤体位移现场测试

煤体位移现场测试采用深基(钻)孔基点跟踪法,观测仪器为自行设计的深孔多点位移计。深基点的固定采用安装锚固器的方法,锚固器由普通钢管和直径为 3mm 的钢丝组成,成孔后用钻杆将锚固器顶入预定位置,由于钢丝沿钢管外折成

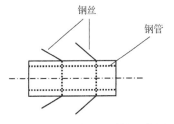

图 2-17　深基点锚爪结构示意图

10°~15°外扎角并具有一定的刚性,锚固器在回拉过程中钢丝能插入孔壁,将其固定在煤壁中;钢管底部钻一小孔,用于穿过直径为 0.8mm 的测量钢丝,在空口处加 3kg 配重,以防孔内钢丝缠绕、打结;空口用钢管锚固作为深孔基点的观测基准。图 2-17~图 2-19 分别为深基点锚爪结构示意图、深基点锚爪安装示意图和巷道变形观测站布置示意图。

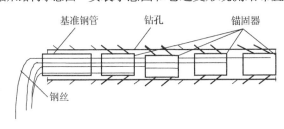

图 2-18　深基点锚爪安装示意图

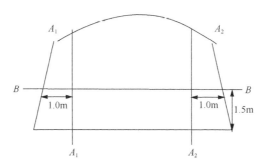

图 2-19　巷道变形观测站布置示意图

为了较大范围控制工作面前方煤体位移及观测方便,对应应力计的布置形式,布置 4 层钻孔,每层 2 个钻孔,其参数完全相同,每个钻孔内安装 4 个锚固深基点。深基点钻孔参数见表 2-3。

表 2-3　钻孔参数一览表

孔深/m	与推进方向夹角/(°)	仰角/(°)	平巷底板至孔口高度/m
28.0	90	0	第一层 1.2m,第二层 1.8m,第三层 2.4m,第四层 3.0m

3) 平巷变形现场测试

观测采用在巷道顶底板及两帮打 1.5m 的钻孔,用木锚杆锚固后作为观测基点,观测仪器为测杆、钢卷尺。在上平巷对应于每一个深基点测站均布置一个参数完全一致的巷道变形观测断面,如图 2-19 所示。

2.2.2　测试结果及分析

1) 煤体应力现场测试结果及分析

煤体应力现场测试 20 个测点的测试结果见表 2-4(其中测点 I 2、I 4、II 1、IV 1 测点在安装不久后遭到破坏,因此数据被剔除)。其他测点分为 4 组,第一组为 I 1、I 3、I 5、I 6;第二组为 II 2、II 3、II 4、II 5、II 6;第三组为 III 1、III 2、III 3、III 4、III 5、III 6;第四组为 IV 2、IV 3、IV 4、IV 5、IV 6。其距离工作面推进距离为 11.2~147.8m,测定的压力值范围为 19.4~27.8MPa,其中超过 27MPa 的测点主要位于 IV 4、IV 5。

为了便于对数据反映的内容做进一步分析研究,在原始数据的基础上利用插值法求得各测点应力读数,并绘制了其和测点距工作面煤壁关系曲线图,如图 2-20~图 2-24 所示。

表 2-4　煤体应力场现场测试结果一览表

工作面推进距离/m	测点读数/MPa																			
	I 1	I 3	I 5	I 6	II 2	II 3	II 4	II 5	II 6	III 1	III 2	III 3	III 4	III 5	III 6	IV 2	IV 3	IV 4	IV 5	IV 6
11.2	19.6	19.7	19.7	19.6	19.6	19.4	19.5	19.7	19.6	19.6	19.6	19.4	19.5	19.7	19.6	19.6	19.4	19.5	19.7	19.6
20.6	19.6	19.7	19.6	19.6	19.4	19.5	19.6	19.6	19.6	19.4	19.6	19.6	19.6	19.6	19.4	19.6	19.6	19.6	19.4	19.7
29.4	19.6	19.6	19.4	19.7	19.6	19.6	19.6	19.4	19.6	19.6	19.4	19.7	19.7	19.7	19.6	19.6	19.4	19.3	19.5	19.6
41.5	19.6	19.8	19.7	19.7	19.6	19.6	19.6	19.4	19.6	19.6	19.6	19.6	19.6	19.4	19.7	19.6	19.6	19.4	19.5	19.5
50.5	19.7	19.6	19.6	19.4	19.6	19.6	19.4	19.5	19.6	19.7	19.7	19.7	19.6	19.6	19.6	19.7	19.6	19.7	19.7	19.7
61.7	19.4	19.6	19.7	19.7	19.6	19.6	19.4	19.5	19.6	19.6	19.6	19.6	19.4	19.6	19.6	19.6	19.4	19.5	19.7	19.8
65.3	19.6	19.6	19.7	19.6	19.6	19.4	19.6	19.6	19.6	19.6	19.6	19.4	19.6	19.7	19.7	19.6	19.6	9.6	19.4	19.7
68.4	19.6	19.6	19.6	19.6	19.7	19.7	19.7	19.6	19.6	—	—	—	—	—	—	—	—	—	—	—
70.7	19.6	19.7	19.6	19.6	19.4	19.5	19.7	19.7	19.7	19.7	19.6	19.6	19.6	19.4	19.5	19.7	19.6	19.6	19.6	19.7
74.5	19.8	19.7	19.4	19.6	19.6	19.7	19.7	19.6	19.7	19.8	19.6	19.8	19.5	19.6	19.6	19.7	19.8	19.6	19.6	19.7
77.9	19.7	19.7	19.6	19.7	19.6	19.8	19.5	19.6	19.7	20.1	19.7	19.8	19.6	19.6	19.7	19.8	19.9	19.7	19.8	19.7
82.1	19.8	19.8	19.6	19.7	19.7	19.8	19.6	19.6	19.7	20.2	19.8	19.9	19.7	19.8	19.7	19.8	20	19.7	19.7	19.8
85.8	—	—	—	—	—	—	—	—	—	20.4	19.8	20	19.7	19.7	19.8	20.1	20.2	19.8	19.8	19.8
88.6	20.2	19.9	19.8	19.7	19.8	20	19.7	19.7	19.8	20.3	20.1	20.2	19.8	19.8	19.8	20.3	20.4	20.2	20.1	19.9
90.9	20.4	20	19.7	19.8	20.1	20.2	19.8	19.8	19.8	20.4	20.3	20.4	20.2	20.1	19.9	20.3	20.5	20.5	20.2	20
93.6	20.4	20.4	20.1	19.9	20.3	20.5	20.5	20.2	20	20.6	20.4	20.6	20.4	20.4	20.3	20.5	20.4	20.6	20.3	20.5
96.7	20.5	20.5	20.2	20	20.4	20.6	20.4	20.4	20.2	20.7	20.5	20.4	20.6	20.3	20.5	20.6	20.7	20.4	20.4	20.6

续表

工作面推进距离/m	测点读数 MPa																			
	Ⅰ1	Ⅰ3	Ⅰ5	Ⅰ6	Ⅱ2	Ⅱ3	Ⅱ4	Ⅱ5	Ⅱ6	Ⅲ1	Ⅲ2	Ⅲ3	Ⅲ4	Ⅲ5	Ⅲ6	Ⅳ2	Ⅳ3	Ⅳ4	Ⅳ5	Ⅳ6
99.2	20.6	20.6	20.4	20.2	20.5	20.4	20.6	20.3	20.4	20.9	20.5	20.5	20.4	20.4	20.6	20.7	20.6	20.5	20.5	20.8
102.4	20.7	20.4	20.3	20.4	20.6	20.7	20.4	20.4	20.5	21.2	20.7	20.6	20.5	20.5	20.8	20.9	20.8	20.6	20.6	20.9
106.8	20.9	20.7	20.4	20.5	20.7	20.6	20.5	20.5	20.6	21.7	20.9	20.8	20.6	20.6	20.9	21.1	21.1	20.7	20.7	20.7
110.1	21.1	20.6	20.5	20.6	—	20.8	20.6	20.6	20.4	22.6	21.1	21.1	20.7	20.7	20.7	21.5	21.6	20.9	20.9	20.9
113.8	21.5	20.8	20.6	20.4	21.1	21.1	20.7	20.7	20.7	—	—	—	—	—	—	—	—	—	—	—
116.9	22.2	21.1	20.7	20.7	21.5	21.6	20.9	20.9	20.6	24.7	22.2	21.5	21.1	21.1	21.2	23.5	22.4	21.8	21.5	21.5
120.3	23.5	21.6	20.9	20.6	22.2	21.5	21.1	21.1	20.8	25.6	23.5	22.2	21.8	21.5	21.5	23.9	—	22.5	22.2	21.7
127.2	24.4	21.5	21.1	20.8	23.5	22.4	21.5	21.5	21.1	26.2	23.9	23.4	22.5	22.2	21.6	24.7	—	23.9	23.5	21.6
132.1	25.3	22.4	21.5	21.1	23.9	23.4	22.2	22.2	21.6	26.4	24.7	24.6	23.9	23.5	21.9	26.9	—	24.7	24.4	23.6
135.6	25.5	23.4	22.2	21.6	24.7	24.6	23.4	23.5	21.5	24.5	26.7	25.9	24.7	24.4	22.8	26.9	—	25.9	27.2	24.9
139.8	25.6	24.2	23.5	21.5	26.2	25.8	—	24.4	22.6	23.1	26.6	26.6	25.6	26.8	24.5	25.7	—	27.3	27.2	26.3
143.6	24.5	25.3	24.4	22.6	26.2	26.2	25.2	26.3	23.7	22.1	25.8	26.5	25.9	26.8	25.8	22.3	—	27.8	25.9	26.9
147.8	22.1	25.7	25.3	23.7	25.3	25.5	26.4	26.5	25.2	—	22.9	24.4	26.8	25.9	26.6	—	—	25.9	24.7	26.9
151.2	—	25.2	25.5	25.2	—	24.4	26.5	25.9	25.9	—	—	23.2	25.6	24.1	26.6	—	—	23.8	22.3	22.8
166.9	—	—	25.6	25.7	—	—	24.9	24.1	26.1	—	—	—	23.1	21.9	25.9	—	—	21.9	20.4	20.3
170.3	—	—	24.2	25.7	—	—	22.9	21.9	25.9	—	—	—	21.6	19.6	23.5	—	—	—	—	19.1
173.8	—	—	22.1	25.9	—	—	—	22.1	23.5	—	—	—	—	—	22.2	—	—	—	—	—

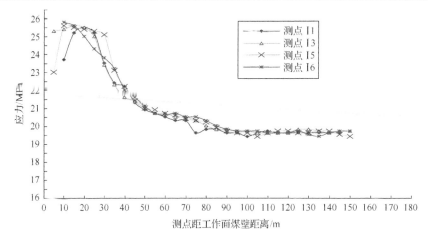

图 2-20　应力观测线 I 各测点应力和测点距工作面煤壁距离关系图(文后见彩图)

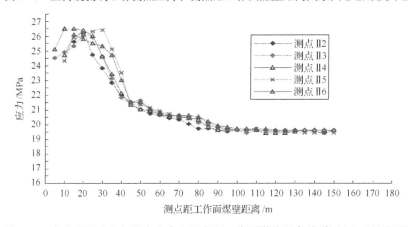

图 2-21　应力观测线 II 各测点应力和测点距工作面煤壁距离关系图(文后见彩图)

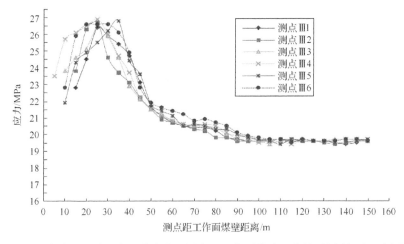

图 2-22　应力观测线 III 各测点应力和测点距工作面煤壁距离关系图(文后见彩图)

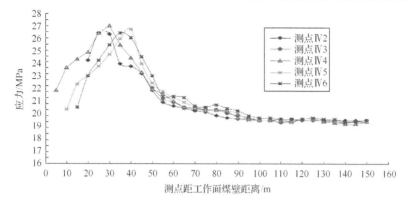

图 2-23 应力观测线Ⅳ各测点应力和测点距工作面煤壁距离关系图(文后见彩图)

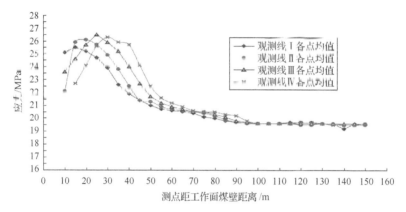

图 2-24 应力各观测线测点应力均值和测点距工作面煤壁距离关系图(文后见彩图)

由图 2-20~图 2-24 可以看出，21121 工作面前方应力为 19.6MPa 左右，工作面超前支承压力煤体应力作用起始于工作面前方 90m 左右，并在工作面前方 40~50m 范围内迅速增大，在工作面前方 10~40m 范围内达到 26MPa 左右的极大值，工作面动压系数为 1.3 左右。通过图 2-24 可以看出，工作面前方同一距离不同层位煤体内的应力不同，上方煤体应力较大，下方煤体应力较小，如在工作面前方 35m 处，观测线Ⅰ均值是 22.6MPa，观测线Ⅱ均值是 23.8MPa，观测线Ⅲ均值是 25.2MPa，观测线Ⅳ均值是 25.9MPa。

根据文献[1]，依据基于超前支承压力是由压力拱外移动岩层通过拱轴传递的力、拱脚压力、煤壁超前支承压力作用区上方岩层传递到煤层上的压力及拱范围内处于悬露状态的结构传递至煤壁前方的压力共同构成这一学术思想，最终得出的最大应力计算公式如下：

$$\sigma_{\max} = 2 \times \gamma H - \frac{S_2}{S}\gamma H + \frac{3\gamma}{4S}(H + K_{\mathrm{LX}}L_{\mathrm{t}})^2 \qquad (2\text{-}1)$$

式中，$\sigma_{\max}$ 为超前支承压力作用范围内最大垂直应力及峰值应力，MPa；γ 为上覆岩层平均容重，$10^4\,\text{N/m}^2$；H 为煤层采深，m；S_2 为工作面前方支承压力峰值线到原岩应力线的水平距离，m；S 为工作面前方支承压力区的水平距离，m；K_{LX} 为开采形成上覆岩层各结构的平均分配因数；L_t 为开采形成上覆岩层各结构一次来压前的最大跨度的平均值，m。

根据现场实测结果，将 S =90m、S_2 =68m、K_{LX} =0.2、L_t =20m、H=600m、γ =2.2×$10^4\,\text{N/m}^2$，代入式(2-1)得

$$\sigma_{\max} = 2 \times 2.2 \times 10^4 \times 600 - \frac{68}{90} \times 2.2 \times 10^4 \times 600 + \frac{3 \times 2.2 \times 10^4}{4 \times 90} \qquad (2\text{-}2)$$
$$\times (600 + 0.2 \times 20)^2 \approx 83.3\text{MPa}$$

通过这一计算所得出的支承压力峰值可以看出，按照传统理论所计算出的工作面超前支承压力峰值 83.3MPa 远远大于实测值 26MPa。同一般综采工作面理论分析、计算、实测结果相比特厚煤层一次采全高综放面超前支承压力应力集中程度降低，峰值区高应力带距工作面的距离明显加大，峰值区高应力带加宽，煤体初次破坏后的残余应力及初次破坏后块体间形成的结构作用更加明显。本书实测结果 26MPa 与文献[2]分析的结果较为一致：特厚煤层一次采全高工作面由于一次采出厚度的增加，老顶断裂位置朝深部转移，形成深嵌固支梁结构；老顶结构向上移动、远离采场，老顶断裂通过直接顶、煤体传到采场的距离增大；另外，在支承压力作用下呈"假塑性"破坏状态的煤体对老顶产生的应力、应变具有"吸收作用"。

随着采煤机割煤，工作面前方煤体单向受压破坏后，峰值应力逐渐向深部二向、三向受力状态的煤体转移，进而形成短暂平衡，所以利用连续介质的极限平衡理论，理论计算出支承压力峰值位置到煤壁的水平距离 x_0[3]：

$$x_0 = \frac{M\lambda}{2\tan\varphi} \frac{K_z\gamma H + \dfrac{C}{\tan\varphi}}{\dfrac{C}{\tan\varphi} + \dfrac{P_x}{\lambda}} \qquad (2\text{-}3)$$

式中，x_0 为支承压力峰值位置到煤壁的水平距离，m；M 为煤层厚度，m；λ 为侧压系数，$\lambda = \dfrac{\mu}{1-\mu}$，$\mu$ 为煤体的泊松比；φ 为煤体的内摩擦角，(°)；K_z 为支承压力峰值的应力集中系数；H 为煤层采深，m；γ 为上覆岩层平均容重，$10^6\,\text{N/m}^2$；C 为煤体的内聚力，MPa；P_x 为工作面支架对煤壁的支护反力形成的支护强度，MPa。

$P_x = \dfrac{F_t \cos\alpha}{BM}$，其中 F_t 为支架工作阻力，MN；α 为支架立柱倾角，(°)；B 为支架宽度，m；M 为煤层厚度，m。

根据技术、生产条件及煤体力学性质试验，将 M=13.81m、λ=0.48、φ=26.2°、K_z=1.3m、H=600m、γ=0.022×10⁶ N/m²、C=6.8MPa、F_t=3260×10⁻³ MN、α=75°、B=1.5m 代入式(2-3)得

$$x_0 = \frac{13.81 \times 0.48}{2 \times \tan 26.2^\circ} \times \frac{1.3 \times 0.022 \times 600 + \dfrac{6.8}{\tan 20.2^\circ}}{\dfrac{6.8}{\tan 26.2^\circ} + \dfrac{0.041}{0.48}} = 15.03\text{m} \qquad (2\text{-}4)$$

这一结果同观测线Ⅰ测试结果 15m 吻合度较好。而观测线Ⅱ、Ⅲ、Ⅳ层位煤体支承压力峰值距工作面煤壁的平均水平距离分别为 17m、28m、32m。根据这一测试结果，利用曲线回归的方法可以得出该特厚煤层开采不同层位煤体支承压力峰值与距工作面煤壁的水平距离的关系式，如图 2-25 所示。

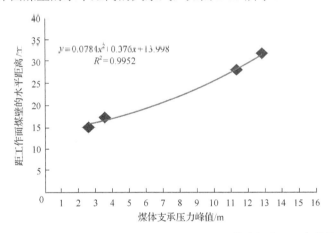

图 2-25 不同层位煤体支承压力峰值与距工作面煤壁的水平距离的关系

另外，无论是现场实测还是传统理论计算的峰值应力均大于煤体的单轴抗压强度，这说明峰值点处的煤体不是处于单轴抗压状态，而是处于两轴或三轴受力状态。因此煤体的受力环境对于煤体的破坏至关重要。因此，支承压力的大小与煤体的受力大小及状态，以及直接顶、老顶等岩层的状态、力学性质及结构形式有关；与煤层开采厚度、割煤高度及煤体本身的力学性质有关；还与支架力学性能、采煤工艺等人为因素有关。

2)煤体位移现场测试结果及分析

各深基点位移测站各测点位移和距工作面煤壁距离测试结果如图 2-26～图 2-29 所示。

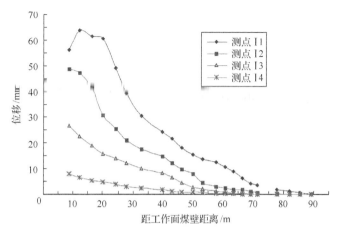

图 2-26　深基点位移测站 I 各测点位移和距工作面煤壁距离关系图

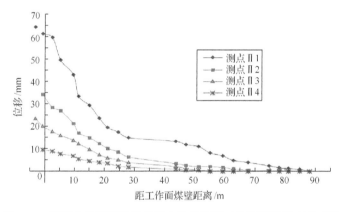

图 2-27　深基点位移测站 II 各测点位移和距工作面煤壁距离关系图

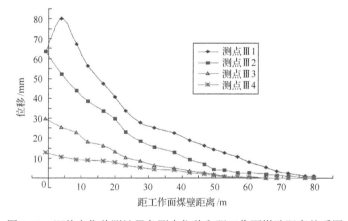

图 2-28　深基点位移测站 III 各测点位移和距工作面煤壁距离关系图

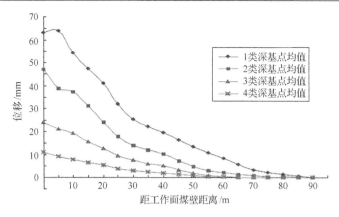

图 2-29 深基点位移各测站同类测点平均位移和距工作面煤壁距离关系图

由图 2-26～图 2-29 可以看出，测站Ⅰ、测站Ⅱ、测站Ⅲ测得的 21121 工作面煤体位移始动点分别在工作面前方 73m、70m、77m 左右，通过深基点位移各测站同类测点进行算术平均可求得平均煤体位移始动点分别在在工作面前方 74m 左右，如图 2-29 所示。综合图 2-26～图 2-29 可以看出：在工作面前方 55～74m 范围内，深入煤体 1m 的基点(4 类深基点)位移量基本为 0mm，而深入煤体 3m 和 6m 的基点(3 类深基点和 2 类深基点)位移量逐步增加，而深入顶岩 0.7m 的基点(1 类深基点)从工作面前方 85m 左右开始移动，到工作面前方 55m 处，其累计位移量已达到 13mm；而随着工作面的推进，深基点位移急剧增加，但不同层位的基点增幅差距较大，如深入煤体 1m 的 4 类深基点到工作面煤壁处累计位移量为 10mm，而深入煤体 3m 的 3 类深基点到工作面煤壁处累计位移量为 25mm，深入煤体 6m 的 2 类深基点到工作面煤壁处累计位移量为 48mm，深入顶岩 0.7m 的 1 类深基点到工作面煤壁处累计位移量为 64mm。根据该工作面煤体取样后制成标准圆柱试件在河南理工大学岩石力学实验室 RMT-150B 岩石力学试验系统上进行单轴、三轴围压试验的结果可知，该煤体试件由于近垂直于(主)压力方向的原生裂隙被压缩、闭合而形成的这种压缩变形平均占试件高度的 0.3%，由此可以计算工作面前方煤体中的深基点下部煤体原生裂隙是否已经被完全压实、闭合。由图 2-29 可得在工作面前方 40m 处，2、3、4 类深基点的位移分别为 10.1mm、5.1mm、2mm，所以高度为 1m 以下的煤体没有被压实(其受力高度为 1+2=3m)，高度为 1～3m、厚度为 2m 的煤体也没有被压实(其受力高度为 3-1=2m)，高度为 3～6m、厚度为 3m 的煤体仍没有被压实(其受力高度为 6-3=3m)。同理在工作面前方 25m 处，煤体中的 2 类深基点下部煤体原生裂隙已经被完全压实、闭合，而 3、4 类深基点下部煤体仍没有被压实。而在工作面前方 10m 处，2 类深基点下部高度为 3～6m、厚度为 3m 的煤体原生裂隙被完全压实、闭合并经历了线弹性阶段后被压裂，进而向采空区下方滑移造成深基点位移暂时平缓，如图 2-29 所示。在煤壁处，3、

4 类深基点下部煤体也已被完全压实，而深入顶岩 0.7m 的 1 类深基点在工作面前方 10m 相邻煤体开始被压裂处，与煤体逐渐形成离层，而在工作面前方 4m 处顶岩破断。由于煤较软且厚度较大，煤体垮落角在 112.6° 左右，煤体呈台阶形破碎。

由此可以得出如下变形特征：

(1)煤体位移始动点在工作面前方约 60m，层位越高，始动点与煤壁的距离越远。

(2)随着与工作面相对距离的减小，煤体变形逐渐增加。根据实测煤体变形资料，可将工作面前方煤体变形分为初始变形区、稳定变形区、急剧变形区 3 个区。

从煤体位移始动点至距煤壁前 25m 区域内，煤体平均变形速度<1mm/d，总变形量为 5～25mm，该区的变形量主要是由于近水平原生裂隙被压缩闭合而形成的垂直位移，这一区域称为煤体的初始变形区；在工作面前方 10～25m 区域内，煤体变形增加较快，平均变形速度为 7mm/d，变形相对比较稳定，最大变形量达到 48mm，该区的变形量主要是由于煤体近似于线弹性压缩变形而形成的垂直位移，这一区域称为煤体的稳定变形区；在工作面前方 10m 区域内，上部煤体水平变形急剧增加，最大变形速度达到 13mm/d，总变形量达到最大值，该区变形的主要特点是上部煤体由于受到峰值压力作用后被压裂而向采空区下方滑移造成深基点整体位移变向，从而造成位移急剧变化，这一区域称为煤体的急剧变形区。

(3)工作面前方 10m 煤体开始被压裂，在工作面前方 4m 处直接顶泥岩开始破断。

3)平巷变形现场测试结果及分析

测试过程中，Ⅲ测站遭到破坏，其余结果见表 2-5。

表 2-5　平巷变形现场测试结果

距工作面距离/m	Ⅰ测站			距工作面距离/m	Ⅱ测站		
	A1 的移近量/mm	A2 的移近量/mm	B 的移近量/mm		A1 的移近量/mm	A2 的移近量/mm	B 的移近量/mm
98.3	0	0.6	0	106.4	0	0	0
94.7	0	0.6	0	104.1	0	0	0
91.6	0	0.5	0	101.4	0	0	0
89.3	0	1.1	0	98.3	0	0	0
85.5	0	1.4	0	95.8	0	0	0
82.1	0	1.7	0	92.6	0	0.4	0
77.9	0.5	1.6	0	88.2	0.3	1.2	0
74.2				84.9	0.5	1.6	0
71.4	1.2	2.1	0	81.2	0.9	1.9	0
69.1	1.9	2.9	0	78.1	1.5	2.6	0

续表

距工作面	Ⅰ测站			距工作面	Ⅱ测站		
距离/m	A1 的移近量/mm	A2 的移近量/mm	B 的移近量/mm	距离/m	A1 的移近量/mm	A2 的移近量/mm	B 的移近量/mm
66.4	2.3	3.6	0	74.7	1.7	3.6	0
63.3	3.2	4.3	0.3	67.8	2.2	4.1	0
60.8	4.1	4.3	0.6	62.9	3.9	5.9	0
57.6	5.1	5.4	0.7	59.4	4.3	6.7	0
53.2	6.2	6.6	1.1	55.2	5.2	6.3	0.4
49.9	7.5	7.8	1.3	51.4	6.3	7.1	0.7
46.2	8.7	9.3	1.5	47.2	7.1	8.5	0.9
43.1	10.2	11.3	1.8	43.8	7.6	8.9	1.3
39.7	11.9	13.7	2.3	28.1	9.1	10.1	2.3
32.8	13.6	19.3	2.8	24.7	9.7	11.0	2.5
27.9	17.5	28.1	3.8	21.2	10.8	12.3	3.8
24.4	23.8	43.8	7.7	18.5	12.7	13.7	3.3
20.2	29.4	54.7	8.9	15.2	14.3	15.3	4.8
16.4	30.5	65.3	12.3	11.5	16.6	17.1	5.9
12.2	46.8	76.6	16.6	9.7	22.9	23.4	7.2
8.8	59.4	97.9	18.9	5.4	33.5	37.8	9.6

从测试结果可以明显看出，由于测站布置在上平巷，靠近工作面侧 A1 的移近量明显小于煤柱 A2 的移近量。主要是由于煤层具有 14°左右的倾角，重力作用导致 A1 与 A2 有一定的差别。为了便于进一步研究，顶底板 A1 与 A2 移近量的算术平均值、两帮 B 的移近量和距工作面煤壁距离关系如图 2-30 和图 2-31 所示。

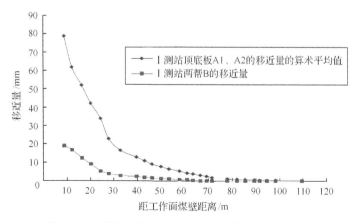

图 2-30　Ⅰ测站平巷变形和距工作面煤壁距离关系图

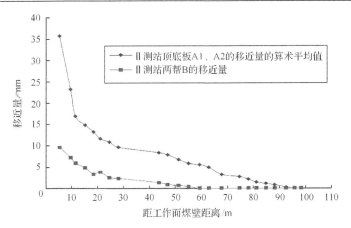

图 2-31　Ⅱ测站平巷变形和距工作面煤壁距离关系图

从图 2-30 和图 2-31 可以看出：两测站顶底板移近量均明显大于两帮移近量；在工作面前方 90m 左右巷道已经开始变形；在工作面前方 30～90m 范围内顶底板移近速度和两帮移近速度基本恒定（顶底板移近平均速度稳定在 0.6mm/d，两帮移近平均速度稳定在 0.1mm/d），而在 25～30m 处两者的移近速度加大，15～25m 范围内移近速度基本恒定（顶底板移近平均速度稳定在 3mm/d，两帮移近平均速度稳定在 1mm/d），在工作面前方 15m 范围内变形速度急增。同时，也可以看出，两测站测试结果离散性较大，分析其主要原因是巷道断面较大，巷道的变形受到巷道支护的方式、质量的决定性影响，同时还取决于超前支护的支护方案、施工速度及质量等因素，而来自煤体深部的位移影响被削弱。

4）工作面支承压力、煤体位移和平巷变形三者观测结果的比较

从上述支承压力观测结果可知，特厚煤层 21121 工作面超前支承压力作用起始于工作面前方 90m 左右，并在工作面前方 40～50m 范围内迅速增大，在工作面前方 10～40m 范围内达到极大值，工作面动压系数为 1.3 左右。同时还可以看出，工作面前方同一距离不同层位煤体内的应力不同，上方煤体应力较大，下方煤体应力较小。

通过深基点位移观测可知：特厚煤层 21121 工作面厚煤层煤体位移始动点在工作面前方 60m 左右，层位越高，始动点与煤壁的距离越远。随着与工作面相对距离的减小，煤体变形逐渐增加。根据实测煤体变形资料，可将工作面前方煤体变形分为初始变形区、稳定变形区、急剧变形区 3 个区。工作面前方 10m 煤体开始被压裂，在工作面前方 4m 处直接顶泥岩开始破断，由于煤体较软且厚度较大，煤体垮落角在 112.6°左右，煤体呈台阶形破碎。

通过平巷变形观测可知：特厚煤层 21121 工作面平巷在工作面前方 90m 左右巷道已经开始变形；在工作面前方 30～90m 范围内顶底板移近速度和两帮移近速

度基本恒定(顶底板移近平均速度稳定在 0.6mm/d，两帮移近平均速度稳定在 0.1mm/d)，而在 25～30m 处两者的移近速度加大，15～25m 范围内移近速度基本恒定(顶底板移近平均速度稳定在 3mm/d，两帮移近平均速度稳定在 1mm/d)，在工作面前方 15m 范围内变形速度急增并发生明显破坏。

比较深基点位移观测结果和平巷变形观测结果可知，由于上平巷的存在，其周围煤体尤其是上方煤体的移动与深部煤体的移动有显著差异，可以理解为边界效应。而对于深基点位移观测来讲，由于钻孔的角度设置及测点布置的深度较大，从测试结果可以看出煤体本身的移动没有受到边界效应的影响；但由于深基点测试钢丝末端位于巷道表面，深基点测试结果受到巷道变形的影响而读数偏大。

综合上述特厚煤层 21121 工作面支承压力、煤体位移和平巷变形三者观测结果可以得出：在工作面前方 90m 处原岩应力受到破坏，超前支承压力逐渐增大；而此时的煤体完全处于三向受力状态，且超前支承压力增速较小，煤体的明显变形显现于工作面前方 60m 左右，体现出煤体变形的"滞后效应"。随着与工作面距离的缩短，超前支承压力逐渐增大，并在工作面前方 40～50m 范围内迅速增大，而煤体变形从位移始动点至距煤壁前 25m 区域内，煤体平均变形速度较小，主要是近水平原生裂隙被压缩闭合而形成的位移，同时也体现了煤体变形的"滞后效应"。在工作面前方 10～25m 区域内，该区域煤体已接近或已经受到超前支承压力峰值的作用，但由于煤体变形的"滞后效应"，煤体变形还是体现在支承压力峰值区压力快速增长阶段造成的煤体移动，主要表现为位移增加较快，变形相对比较稳定，变形量主要是煤体近似于线弹性压缩变形形成的垂直位移。最终，工作面超前支承压力在工作面前方 10～40m 范围内达到极大值,造成上部煤体被压裂、剪裂而开始破碎，所以在工作面前方 10m 区域内，上部煤体水平变形急剧增加，总变形量达到最大值，该区变形的主要特点是上部煤体受到峰值压力作用后被压裂而向采空区下方滑移造成深基点整体位移变向，从而造成位移急剧变化。从总体来看，由于该工作面煤体厚度较大,动压系数(1.3 左右)与一般厚煤层相比较小，煤体位移在工作面前方 10～25m 区域内的增速也相对平缓。

同时还可以看出，该特厚煤层无论是应力还是位移均表现出明显的层位特性，上方煤体应力、位移大，下方煤体应力、位移小，其等值线基本上表现为二次抛物线形式。相对于煤体位移，平巷变形的"滞后效应"很不明显，基本上和应力变化同步。究其原因，作者认为这主要是巷缘煤体和深部煤体的受力状态不同，深部煤体完全处于三向受力状态，而巷缘煤体根据其距巷道表面的距离及支护形式、支护质量的不同可处于三向、双向、单向不同的受力状态，从而有充分的变形空间。

2.3　特厚顶煤破碎的对比相似模拟试验研究

通讨不同顶煤厚度的相似模拟试验得出特厚煤层放顶煤工作面煤壁前方顶煤破碎程度随距底板高度的增加而逐步减弱、应力随距顶板高度的增加而逐步减小的规律，而且这种差距程度随煤厚的增加而增大；在工作面上方，顶煤呈上部破碎、中部断裂、下部破碎的三层破碎结构，其破碎程度随底煤距底板的高度呈现"高-低-高"的规律，且顶煤越厚，中间不充分破碎的间隔断裂层厚度越大。

2.3.1　相似模拟试验研究目的

通过实验室力学试验和现场实测可知：A 煤矿二 1 煤 21121 放顶煤工作面顶煤在超前支承压力、顶板回转等作用下已经破碎，但由于顶煤的厚度较大，顶煤由上到下的破碎程度逐渐减小。本试验测试相同地质条件下放顶煤开采不同厚度顶煤情况下顶煤破碎是否有分层情况，如有分层情况，和顶煤厚度有何关系。

1) 相似模拟试验原始条件

为了达到上述两个目的，共做了三架模拟试验，以便进行对比研究。第一架煤厚减小 2m，即 11.8m，其他以 A 煤矿 21121 综放工作面原始条件为模拟条件；第二架以 A 煤矿 21121 综放工作面原始条件为模拟条件；第三架煤厚增加 2m，即 15.8m，其他以 A 煤矿 21121 综放工作面原始条件为模拟条件。A 煤矿及 21121 综放工作面条件参见 2.1 节研究对象的原始条件。工作面模拟推进速度为 4.8m/d。

2) 相似模拟试验设备

试验选用中国人民解放军总参谋部工程兵科研三所生产的 YDM-E 型采矿工程物理模型试验装置，设备关键技术指标和性能：模型块体尺寸为 160cm×160cm×40cm，加载系统采用 JSF300T-Ⅷ2.5-31.5A2 高精度静态伺服液压控制台，可实现模型边界上方、左右两侧三面主动加载，模型边界最大荷载集度为 5MPa，在框架的两端外侧中心位置装有平面旋转支撑轴，支撑轴通过固定在地面上的轴承座实现平面翻转，可实现不同煤(岩)层倾角的模拟试验。

3) 相似模拟试验设计

(1) 模型制作。本相似模拟试验岩层以砂为骨料，石膏、碳酸钙、水泥为胶结料，煤层以河沙为骨料，石膏、碳酸钙为胶结料。分层材料为滑石粉，边框接触采用聚乙烯减摩材料配机油减小摩擦(表 2-6～表 2-9)。

模型在模型架上直接逐层制作；制作时模型架处于平放位置。

(2) 试验计算。在试验时，模型与原型之间应严格遵守几何相似、容重相似、强度相似、时间相似等相似准则。各相似常数间应满足下列关系式：

$$C_\sigma = C_1 \times C_\gamma \tag{2-5}$$

$$C_t = \sqrt{C_1} \tag{2-6}$$

式中，C_1 为几何相似常数；C_γ 为容重相似常数；C_t 为时间相似常数；C_σ 为强度相似常数。

取几何相似常数 $C_1 = 30$（几何相似常数若取值太大顶煤的模型厚度较小，将难以达到本次模拟试验目的；若取值太小由于模型架尺寸的限制则难以测到正常开采的压力、位移及相应的顶煤破碎状态），煤层容重相似常数 $C_\gamma = 1.0$，则 $C_\sigma = 30$，$C_t \approx 5.5$。

表 2-6 实体、模型各参数对照一览表

	原型	模型
物理范围	工作面走向 48m，中间开采 42m（两端各余 3m），工作面长度方向 12m，垂直 10m	与虑制边界效应模拟开采范围定为 100~1500mm
载荷	垂直 18MPa，走向 16MPa，工作面方向 13MPa（由于考虑到原型煤体冲击倾向的影响，取值比现场测试值稍小）	垂直 0.6MPa，走向 0.5MPa，工作面方向 0.4MPa；考虑到模型自重的影响，模型实际垂直液压加载 0.58MPa，工作面方向 0.4MPa
时间	(42/3.6)×24=280h	280/5.5≈50.9h

表 2-7 第一架模拟试验参数选取一览表

岩层	岩性	厚度/m	抗压强度/MPa	模型厚度/cm	模型抗压强度/MPa	材料相似比（砂：水泥：石膏）
老顶	粉砂岩	4.1(部分)	83.9	13.6	2.8	6：3：7
直接顶	泥岩	25.5	39.6	85	1.32	9：3：7
二1煤	煤层	11.8	11.2	39.4	0.37	3：3：8*
底板	砾岩	1.9	52.1	6.3	1.74	8：5：5
底板	含砂砾岩	4.7	65.7	15.7	2.19	7：3：7

＊ 3：3：8 表示砂：碳酸钙：石膏的材料相似比。

表 2-8 第二架模拟试验参数选取一览表

岩层	岩性	厚度/m	抗压强度/MPa	模型厚度/cm	模型抗压强度/MPa	材料相似比（砂：水泥：石膏）
老顶	粉砂岩	2.1(部分)	83.9	7	2.8	6：3：7
直接顶	泥岩	25.5	39.6	85	1.32	9：3：7
二1煤	煤层	13.8	11.2	46	0.37	3：3：8*
底板	砾岩	1.9	52.1	6.3	1.74	8：5：5
底板	含砂砾岩	4.7	65.7	15.7	2.19	7：3：7

＊ 3：3：8 表示砂：碳酸钙：石膏的材料相似比。

表 2-9 第三架模拟试验参数选取一览表

岩层	岩性	厚度/m	抗压强度/MPa	模型厚度/cm	模型抗压强度/MPa	材料相似比（砂：石膏：碳酸钙）
老顶	粉砂岩	0.1(部分)	83.9	0.4	2.8	6:3:7
直接顶	泥岩	26.1	99.6	85	1.32	9:3:7
二1煤	煤层	15.8	11.2	52.6	0.37	3:3:8*
底板	砾岩	1.9	52.1	6.3	1.74	8:5:5
底板	含砂砾岩	4.7	65.7	15.7	2.19	7:3:7

＊ 3：3：8表示砂：碳酸钙：石膏的材料相似比。

4) 测点的布置

应力：采用预埋压力计的测试方法。采用的压力计为 DYB-1 微型电阻应变式土压力计，规格为 1.0(MPa)；外形尺寸为 7/35(H/Φ，表示圆形压力计的厚度/直径，mm)；采用 YJZ 型数字静态电阻应变仪。为得到准确结果，埋设传感器时做到以下几点。

(1) 传感器承压面朝着拟测应力方向，并与之垂直，同时必须安放平稳，保证传感器在量测过程中承压面不偏转。

(2) 为保证压力计的精度和正常使用，压力计埋设时模型内导线保证呈蛇形布置。

应力观测点布置：在制作模型煤层时直接埋设，共布置了两组，第Ⅰ组距模型煤层顶板 277mm(第二架为 310mm、第三架为 343mm)，第Ⅱ组距模型煤层顶板 60mm(3 架均保持此值不变)，每组在中部 1000mm 长度上均匀布设 6 个(即每 200mm 布设 1 个)，每架共计 12 个测点。

位移：利用全站仪布点测试。在本相似材料模拟试验中采用 GTS-602A 数字电子全站仪观测，观测的精度为 $m<\pm0.1mm$。

位移观测点布置：拆去侧护板后在模型煤层的正面插设测点，每架布置了 3 组，第一架第 1、2、3 组分别距模型煤层顶板 244mm、147mm、50 mm，第二架第 1、2、3 组分别距模型煤层顶板 310mm、180mm、50mm，第三架第 1、2、3 组分别距模型煤层顶板 376mm、213mm、50mm。每组在模型中部 1440mm 长度上均匀布设 10 个(即每 160mm 布设 1 个)，共计 30 个观测点。各观测点采用大头针穿激光感应片，通过 GTS-602A 数字电子全站仪来观测计算煤层的位移情况。

5) 其他

通过对自制支架和千斤顶增设模拟支架来实现对支架的模拟，如图 2-32 所示。

模型制作完毕约两周后，取掉侧限板及相应侧限梁后，加上侧限梁间隔，并采用大功率风扇两侧通风干燥。

图 2-32 相似模拟自制模拟支架

2.3.2 相似模拟试验结果

相似模拟试验模型如图 2-33 所示,3 架模型开采中的顶煤运移、破碎情况如图 2-34~图 2-40 所示。

图 2-33 相似模拟试验模型总体图

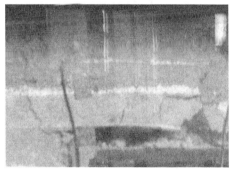

图 2-34 第一架相似模拟顶煤运移、破碎图(1)

图 2-35 第一架相似模拟顶煤运移、破碎图(2) 图 2-36 第二架相似模拟顶煤运移、破碎图(1)

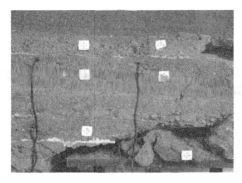 

图 2-37 第二架相似模拟顶煤运移、破碎图(2) 图 2-38 第三架相似模拟顶煤运移、破碎图(1)

图 2-39 第三架相似模拟顶煤运移、破碎图(2) 图 2-40 第三架相似模拟顶煤运移、破碎图(来压破碎)

相似模拟 3 架对比试验的压力测试结果如图 2-41～图 2-43 所示，垂直位移测试结果如图 2-44～图 2-46 所示，水平位移测试结果如图 2-47～图 2-49 所示。

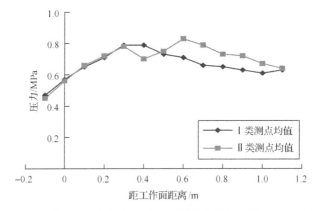

图 2-41 第一架相似模拟压力同类测点均值与工作面推进关系

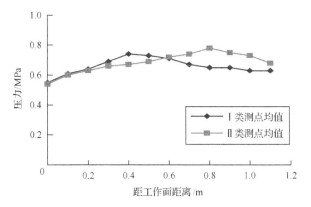

图 2-42　第二架相似模拟压力同类测点均值与工作面推进关系

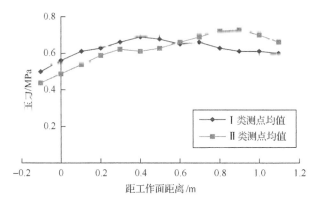

图 2-43　第三架相似模拟压力同类测点均值与工作面推进关系

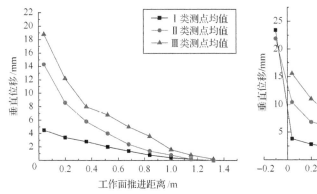

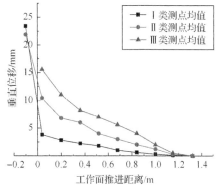

图 2-44　第一架相似模拟垂直位移同类测点
均值与工作面推进关系

图 2-45　第二架相似模拟垂直位移同类测点
均值与工作面推进关系

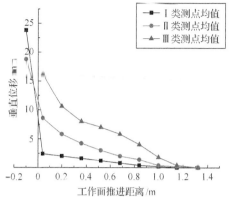

图 2-46　第三架相似模拟垂直位移同类测点
均值与工作面推进关系

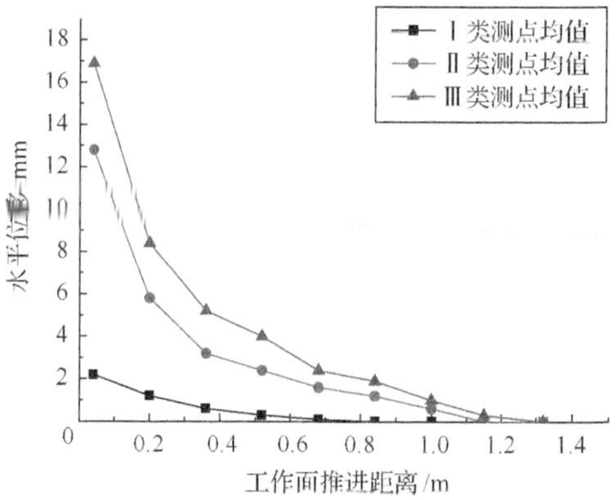

图 2-47　第一架相似模拟水平位移同类测点
均值与工作面推进关系

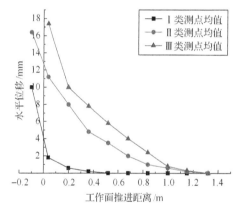

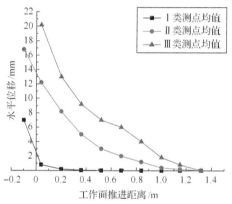

图 2-48　第二架相似模拟水平位移同类测点
均值与工作面推进关系

图 2-49　第三架相似模拟水平位移同类测点
均值与工作面推进关系

2.3.3　相似模拟试验结果分析

1)相似模拟顶煤运移、破碎结果分析

第一架模拟试验顶煤厚度为 394mm,在支架没有升降、反复支撑前煤岩结合部上部较薄的顶煤破碎较为充分,由于煤体自身的受力状态和支架前移,支架上部也有薄层破碎较为充分的顶煤,而处于中部的顶煤则呈现臂状短梁结构;在支架升降、反复支撑后这种臂状短梁结构遭到破坏,仅在支架顶梁的前半部分显示出臂状短梁结构破坏后排列较为整齐的大块煤体,而在支架顶梁的后半部分顶煤则完全破碎并向掩护梁方向流动。第二架模拟试验顶煤厚度为 460mm,可以看出,在超前支承压力、顶板回转和支架的共同作用下,该条件下的顶煤到掩护梁附近已充分破碎，顶板能呈现出较为规则的垮落。本试验较为明显的是在工作面前方0.2～0.4m到工作面煤壁范围内，煤岩结合部的上部较薄顶煤呈现出压酥现象。第三架模拟试验顶煤厚度为526mm，在超前支承压力、顶板回转和支架的共同作用下，该条件下的顶煤到掩护梁附近已较为破碎，但块度明显比第二架增大；在工作面前方0.3～0.6m到工作面煤壁范围内，煤岩结合部上部较薄顶煤呈现出压酥现象，且压酥的顶煤厚度比第二架厚，表示上覆岩层的初次垮落较为剧烈，该处压力盒瞬间被压坏。第三架模拟试验由于顶煤厚度较大(526mm)，顶煤破碎不充分，中下部顶煤和支架上方破碎顶煤有明显离层产生，在支架尾部有完整性较好的顶煤短梁结构层。从整体上看，工作面前方顶煤的破碎程度由上到下逐步减弱，支架上方和煤壁上方附近上部煤体以与工作面推进方向近似为60°的楔形裂缝为主，中、下部顶煤则以与工作面推进方向垂直或近似为45°的裂纹为主。结合煤样卸围压力学试验可以看出，特厚煤层顶煤在支承压力作用下的破坏过程与卸围压试样的破坏类似，均为压裂、剪切破坏，而上部顶煤主要是在支承压力压裂、剪切破坏形成微小裂纹的基础上，在顶板的回转力矩作用下，上部顶煤由于拉应力而形成与工作面推进方向近似为60°的楔形贯穿裂缝，大大增加了上部顶煤的破碎程度。

2) 相似模拟顶煤的压力测试结果分析

第一架相似模拟试验(顶煤厚度为394mm)下部顶煤(Ⅰ类测点)在距煤壁0.35m处达到支承压力的极大值0.80MPa，上部顶煤(Ⅱ类测点)在距煤壁0.6m处达到支承压力的极大值0.83MPa；第二架相似模拟试验(顶煤厚度为460mm)下部顶煤(Ⅰ类测点)在距煤壁0.4m处达到支承压力的极大值0.74MPa，上部顶煤(Ⅱ类测点)在距煤壁0.8m处达到支承压力的极大值0.78MPa；第三架相似模拟试验(顶煤厚度为526mm)下部顶煤(Ⅰ类测点)在距煤壁0.4m处达到支承压力的极大值0.69MPa，上部顶煤(Ⅱ类测点)在距煤壁0.9m处达到支承压力的极大值0.73MPa。综合3架模拟试验结果可以得出，特厚煤层放顶煤开采顶煤在不同层位支承压力的分布不同：下部顶煤超前支承压力极值点距煤壁的距离小于上部顶煤，下部顶煤支承压力极值小于上部顶煤，这一趋势同现场测试的结果是相同的；随着顶煤厚度的增加，超前支承压力极值逐渐减小，在图2-41～图2-43中直接表现为压力分布线变得平缓。特厚煤层放顶煤开采顶煤的这一支承压力分布特点对其顶煤破坏产生了较大影响：超前支承压力对上部顶煤的破煤作用大于下部顶煤；顶煤厚度越大，超前支承压力的整体破煤作用越小。这一受力破坏特征是特厚煤层放顶煤工作面煤壁前方顶煤破碎程度随距顶板高度的增加而逐步减弱的根本原因。

3) 相似模拟顶煤的垂直位移测试结果分析

第一架相似模拟试验(顶煤厚度为394mm)下部顶煤(Ⅰ类测点)和中部顶煤

（Ⅱ类测点）、上部顶煤（Ⅲ类测点）垂直位移不同，顶煤越靠近顶板，垂直位移越大；在距煤壁 0.5m 以前垂直位移的变化趋势基本一致，在距煤壁 0.4m 以后下部顶煤与中部、上部顶煤垂直位移变化趋势明显不同，下部顶煤垂直位移的增加速率与先前没有明显区别，而中部、上部顶煤垂直位移的增加速率明显增大；在工作面开采过近（0.1m）处，测点均随顶煤的破坏而破坏。第二架相似模拟试验（顶煤厚度为 460mm）下部顶煤（Ⅰ类测点）和中部顶煤（Ⅱ类测点）、上部顶煤（Ⅲ类测点）垂直位移不同，顶煤越靠近顶板，垂直位移越大；在距煤壁 0.4m 以前垂直位移的变化趋势基本一致，在距煤壁 0.2m 以后下部顶煤与中部、上部顶煤垂直位移变化趋势明显不同，下部顶煤垂直位移的增加速率与先前没有明显区别，而中部、上部顶煤垂直位移的增加速率明显增大；在工作面开采过近（0.1m）处，上部顶煤测点随顶煤的破坏而破坏，而下部顶煤的垂直位移（23.1mm）超过了中部顶煤（21.5mm），表明中、下部顶煤之间产生微小离层。第三架相似模拟试验（顶煤厚度为 526mm）下部顶煤（Ⅰ类测点）和中部顶煤（Ⅱ类测点）、上部顶煤（Ⅲ类测点）垂直位移不同，顶煤越靠近顶板，垂直位移越大；在距煤壁 1.0m 以前，顶煤的垂直位移均较小，最大值仅为 1.5mm，在距煤壁 0.4~1.0m 范围内垂直位移的变化趋势基本一致，在距煤壁 0.04~0.2m 范围内下部顶煤与中部、上部顶煤垂直位移变化趋势明显不同，下部顶煤垂直位移的增加速率与先前没有明显区别，而中部、上部顶煤垂直位移的增加速率明显增大；在工作面开采过近（0.1m）处，上部顶煤测点随顶煤的破坏而破坏，而下部顶煤的垂直位移急剧增加，达到 23.6mm，超过了中部顶煤（18.5mm），表明中、下部顶煤之间产生离层。综合 3 架模拟试验结果可以得出，虽然随着工作面的推进，不同层位特厚煤层放顶煤开采的顶煤垂直位移均有增加的趋势，但在不同层位垂直位移的变化规律有所不同：在顶煤没有超过煤壁线之前，顶煤距煤层顶板越近，其垂直位移越大，距煤层顶板越远，其垂直位移越小，这一趋势同现场测试的结果是相同的；随着顶煤厚度的增加，在工作面前方同一位置、距煤层底板同一高度的顶煤垂直位移逐渐减小，这进一步证明了随着顶煤厚度的增加，顶煤的整体破碎程度是下降的。

　　4）相似模拟顶煤的水平位移测试结果分析

　　第一架相似模拟试验（顶煤厚度为 394mm）下部顶煤（Ⅰ类测点）和中部顶煤（Ⅱ类测点）、上部顶煤（Ⅲ类测点）水平位移不同，顶煤越靠近顶板，水平位移越大；在距煤壁 0.4m 以前水平位移的变化趋势基本一致，在距煤壁 0.2m 以后下部顶煤与中部和上部顶煤水平位移变化趋势明显不同，下部顶煤水平位移的增加速率较小，中部顶煤水平位移的增加速率较大，而上部顶煤水平位移的增加速率最大；在工作面煤壁线附近，下部顶煤水平位移的增加速率与上部顶煤接近，在工作面开采过近（0.1m）处，测点均随顶煤的破坏而破坏。第二架相似模拟试验（顶煤厚度为 460mm）下部顶煤（Ⅰ类测点）和中部顶煤（Ⅱ类测点）、上部顶煤（Ⅲ类测点）

水平位移不同,顶煤越靠近顶板,水平位移越大;整体上讲,下部顶煤与中部、上部顶煤水平位移变化趋势明显不同,下部顶煤水平位移在煤壁前方 0.2m 以外没有明显的变化(最大值为 0.5mm,最小值为-0.1mm),而中部、上部顶煤的水平位移较大,在煤壁前方 0.8m 即产生变化;在工作面开采过近(0.1m)处,上部顶煤测点随顶煤的破坏而破坏。第三架相似模拟试验(顶煤厚度为 526mm)下部顶煤(Ⅰ类测点)和中部顶煤(Ⅱ类测点)、上部顶煤(Ⅲ类测点)水平位移不同,顶煤越靠近顶板,水平位移越大;整体上讲,下部顶煤与中部、上部顶煤水平位移变化趋势明显不同,下部顶煤水平位移在煤壁前方 0.1m 以外没有明显的变化(最大值为 0.5mm,最小值为-0.1mm),而中部、上部顶煤的水平位移较大,在煤壁前方 0.9m 即产生变化;在工作面开采过近(0.1m)处,上部顶煤测点随顶煤的破坏而破坏。综合 3 架模拟试验结果可以得出,虽然随着工作面的推进,不同层位特厚煤层放顶煤开采的顶煤水平位移均有增加的趋势,但在不同层位垂直位移的变化规律有所不同:在顶煤没有超过煤壁线之前,顶煤距煤层顶板越近,其水平位移越大,距煤层顶板越远,其水平位移越小,这一趋势同现场测试的结果是一致的,随着顶煤厚度的增加,在工作面前方同一位置、距煤层底板同一高度的顶煤垂直位移逐渐减小,这也证明了随着顶煤厚度的增加,顶煤的整体破碎程度是下降的。

通过整个试验数据可以看出,特厚煤层垂直位移和水平位移的总体变化趋势相同,但在不同阶段增幅不同:在达到支承压力极值前,垂直位移增幅大于水平位移;在支承压力极值位置至煤壁线附近,垂直位移增幅小于水平位移;而通过煤壁线以后,垂直位移增幅又大于水平位移。通过整个试验也可以看出,特厚煤层不同层位顶煤垂直位移的差别明显扩大的过程,也是顶板不断回转、上部顶煤逐步呈现与工作面推进方向近似为 60°的拉张裂隙、顶煤呈现层状破坏的过程。

参 考 文 献

[1] 姜福兴, 马其华. 深部长壁工作面动态支撑压力极值点的求解[J]. 煤炭学报, 2002, 27(3): 273-275.

[2] 钱鸣高, 缪协兴, 何富连. 采场"砌体梁"结构的关键块分析[J]. 煤炭学报, 1994, 19(6): 557-563.

[3] 靳钟铭, 魏锦平, 靳文学. 放顶煤采场前支承压力分布特征[J]. 太原理工大学学报, 2001, 32(3): 216-218.

3   煤体破碎规律及瓦斯运移理论分析

本章通过综合分析煤样破坏性质、特厚煤体现场应力、位移和其他相关参数的现场测试及相似模拟的对比试验，提出工作面前方煤体破碎的三角形理论，并根据各自的特点建立了相应的力学计算模型。另外，对破碎条件下瓦斯运移做了理论分析。

3.1   工作面前方煤体破坏运移规律的综合分析

通过上述试验和分析可以看出，相似模拟煤体破坏试验和煤体深基点位移、应力、平巷变形现场观测反映的煤体位移情况是一致的，其规律如下。

(1)特厚煤层煤体的破坏程度由上到下依次减弱，同等条件下煤体厚度越大，其底部煤体的破碎程度越低。

(2)随着煤体厚度的增加，工作面前方的煤体可以形成倒三角充分破碎层、正三角不充分破碎层，而且煤体厚度越大，不充分破碎层越厚。

(3)特厚煤层开采煤体在不同层位支承压力的分布不同：下部煤体超前支承压力极值点距煤壁的距离小于上部煤体，下部煤体支承压力极值小于上部煤体；随着煤体厚度的增加，超前支承压力极值逐渐减小，造成超前支承压力对上部煤体的破煤作用大于下部煤体。煤体厚度越大，超前支承压力的整体破煤作用越小。

(4)特厚煤层开采的不同层位煤体随着工作面的推进，垂直位移和水平位移均呈增加趋势，但不同层位位移的变化规律有所不同：煤体距煤层顶板越近，其垂直、水平位移越大，距煤层顶板越远，其垂直、水平位移越小；随着顶煤厚度的增加，在工作面前方同一位置、距煤层底板同一高度的顶煤垂直、水平位移逐渐减小。在达到支承压力极值前，垂直位移增幅大于水平位移；在支承压力极值位置至煤壁线附近，垂直位移增幅小于水平位移。

(5)煤体的破碎是在超前支承压力和顶板的回转力矩的共同作用下实现的，特厚煤层煤体程度的这种三角形破坏特性是由支承压力和顶板的回转力矩作用的特性及煤体的原生裂隙分布特性造成的。

综合上述结果可知，煤体变形与破坏的整个发展过程实际上是一个煤体的微观损伤不断发展、裂隙扩展与贯通从而形成宏观破断的过程。对于 21121 工作面的特厚煤层，虽然二 1 煤埋深较大，其所受垂直应力也较大，但由于煤层厚度较大，煤体在超前支承压力作用下并不能达到充分破坏。主要原因是上部煤体在支承压力作用下破碎后形成减压层，从而减缓了下部煤体继续破坏。观测结果认为，在正常的推进速度条件下，煤体的损伤、破坏直到放出要经历最大约 90m 的变形过程。根据煤体破坏特点的不同概括如下：

（1）初始压缩及塑性变形区。煤体的初期压缩过程最早可在煤壁前方 90m 附近开始。随着工作面的推进，煤体受到初期的采动影响产生垂直压缩变形，这些变形主要是煤体内原生近水平裂隙等被压缩闭合形成的；随着工作面的推进，超前支承压力不断增大，煤体开始产生塑性变形，同时也产生侧向膨胀，该过程会使煤体内部产生一些微小的裂隙。

（2）煤体的强烈压缩及破坏区。这个过程发生在煤壁前方 5～30m 范围内，位于工作面前方支承压力集中升高区。由于顶板压力增高，煤体的水平位移迅速增加，煤体内的原生裂隙进一步扩展，在初期压缩过程中形成的微小裂隙也开始扩展，新的微裂隙产生并充分发展，上部煤体逐渐破坏。

（3）顶板回转及支架作用区。顶板回转作用的过程经历的范围在煤壁前方 5m 到工作面煤壁，煤体在已破断的直接顶悬臂梁的作用下，向采空区方向的水平移动量和移动速度急剧增加，在采空区一侧对煤体的约束作用更小，使煤体中的已有裂隙有了充分扩展的余地。该过程主要表现为已有裂隙的张裂和上部煤体的失稳及已开始自上部冒落。该阶段的最大特点是煤体在垮落的上覆岩层断块作用下，基本上形成了一种散体状态。

3.2　煤体的损伤变形理论分析

从前面基于煤体破坏、运移规律划分的初始压缩及塑性变形区、煤体的强烈压缩及破坏区和顶板回转及支架作用区 3 个区域的煤体破坏、运移特征可知，待开采的煤体（一种赋存于地下的沉积岩），在开采之前（在煤层形成的过程中及形成原岩应力平衡的过程中）已经形成损伤，这种损伤记为原始损伤；而在开采过程中，在原岩应力受到扰动后煤体将在新的应力环境下形成开采损伤。根据文献[1]，原始损伤可用 D_0 表示，开采损伤可用 D_1 表示，则

$$D_0 = \frac{A_{D_0}}{A} \tag{3-1}$$

$$D_1 = \frac{A_{D_1}}{A} \tag{3-2}$$

而总的损伤变量 D 为

$$D = D_0 + D_1 \tag{3-3}$$

式中，D 为煤体总的损伤变量；D_0 为煤体原始损伤变量；D_1 为煤体开采损伤变量；A 为煤体单元体任一横截面微元体的总面积；A_{D_0} 为煤体单元体任一横截面微元体由于在形成、赋存期间出现缺陷、受损后不能承载的面积；A_{D_1} 为煤体单元体任一横截面微元体由于开采影响而出现缺陷、受损后不能承载的面积。

煤体损伤变量的取值范围为[0,1]，当损伤变量取值为 0 时，表示单元体未受损伤，单元体处于连续弹性变形状态；当损伤变量取值为 1 时，表示单元体完全损伤破坏，此时的单元体完全不能承受载荷，这是一种理想状态，在损伤变量趋向于 1 的过程中，单元体就有可能断裂。当煤体单元体某一横截面上发生损伤时，由于损伤面积不承受载荷，此时煤体单元体横截面上实际承受载荷的面积将减小，横截面上实际承受的应力升高，这种煤体单元体横截面上实际承受的应力被称为有效应力；而损伤单元体在不考虑横截面上损伤影响的条件下计算出来的这种应力称为表观应力(cauchy stress)，表观应力和有效应力的关系如式(3-4)所示：

$$\sigma' = \frac{\sigma \cdot A}{A - A_D} = \frac{\sigma}{1 - D} \tag{3-4}$$

式中，σ' 为煤体的有效应力；σ 为煤体的表观应力；A_D 为损伤后不能承载的总面积。

根据损伤力学的应变等效原理可知，损伤材料在有效应力作用下产生的变形与同等材料无损伤时发生的应变等效。依据这一原理，当作用在工作面特厚煤层煤体上的应力用有效应力来表示时，煤体的塑性变形转化为相应的弹性变形进行受力分析[2]。

沿工作面方向取单位宽度的煤体，则煤体上、下边界上作用的面力为 σ'_y，左边界上作用的面力为 σ'_{x1}，右边界上作用的面力为 σ'_{x2}，沿工作面方向上作用的面力为 σ'_z，从而建立如图 3-1 所示的综放工作面特厚煤层煤体受力的力学模型。

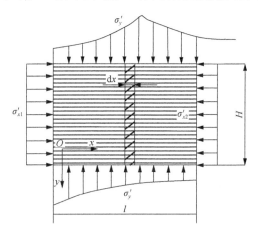

图 3-1　综放工作面特厚煤层煤体受力的力学模型

H-煤体高度；l-左右边界的距离

从煤体中任取一个煤体单元体，单元体的受力模型如图 3-2 所示。

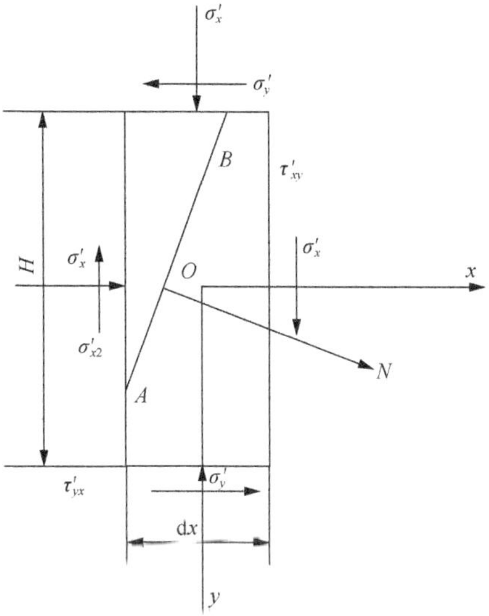

图 3-2　煤体单元体受力分析计算图

单元体上、下面上受到的有效正应力为 σ'_y，有效剪应力为 τ'_{yx}；左、右面上受到的有效正应力为 σ'_x，有效剪应力为 τ'_{xy}，对于单元体上外法线 N 与 x 轴夹角为 α 的任一斜面 AB，可计算出其上面上的有效正应力和有效剪应力：

$$\sigma'_N = \sigma'_x \cos^2 \alpha + \sigma'_y \sin 2\alpha + \tau'_{xy} \sin 2\alpha$$
$$\tau'_N = \frac{1}{2}(\sigma'_y - \sigma'_x)\sin 2\alpha + \tau'_{xy} \cos 2\alpha \tag{3-5}$$

式中，σ'_x 为左、右面上受到的有效正应力；σ'_y 为上、下面上受到的有效正应力；τ'_{xy} 为左、右面上受到的有效剪应力；τ'_{yx} 为上、下面上受到的有效剪应力，$\tau'_{yx} = -\tau'_{xy}$；σ'_N 为斜面主控破裂面上受到的有效正应力；τ'_N 为斜面主控破裂面上受到的有效剪应力。

大量研究证明，煤体作为一种较软弱的沉积岩体，在开采煤体破坏过程中其破坏的主要形式为剪切滑移破坏[3-5]，其强度包络线形式近似于二次抛物线形。现场采样实验室试验结果也表明，煤样的破坏形式主要是剪切滑移破坏。所以当单元体斜面 AB 处于煤体的主控破裂面位置且煤体达到极限平衡状态时，斜面上的有效应力之间满足莫尔强度准则的二次抛物线形[6]：

$$\tau'^2_N = n(\sigma'_N + \sigma'_t) \tag{3-6}$$

式中，τ'_N 为主控破裂面上受到的有效剪应力；σ'_N 为主控破裂面上受到的有效正应力；σ'_t 为左煤体的单轴抗拉有效强度；n 为待定系数。

利用图 3-3 中的关系，有

$$\frac{1}{2}(\sigma'_1 + \sigma'_3) = \sigma'_N + \tau'_N \cot 2\alpha$$
$$\frac{1}{2}(\sigma'_1 - \sigma'_3) = \frac{\tau'_N}{\sin 2\alpha} \tag{3-7}$$

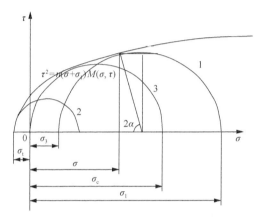

图 3-3　二次抛物线型强度包络线

由式(3-6)、式(3-7)得二次抛物线形强度包络线的有效主应力表达式：

$$(\sigma'_1 - \sigma'_3)^2 = 2n(\sigma'_1 + \sigma'_3) + 4n\sigma'_t - n^2 \tag{3-8}$$

由单轴压缩特例可求得

$$n = \sigma'_c + 2\sigma'_t \pm 2\sqrt{\sigma'_t(\sigma'_c - \sigma'_t)} \tag{3-9}$$

式中，σ'_c 为特例中试件的单轴压缩强度。

由现场采样实验室试验可知（D 取 0.2），σ'_c=9.98MPa，$\sigma'_t = \sigma'_c / 8 \approx 1.25$ MPa，代入式(3-9)，得

$$n = 19.09 \text{ 或 } n = 5.87 \tag{3-10}$$

把式(3-10)代入式(3-8)，得

$$(\sigma'_1 - \sigma'_3)^2 = 38.18(\sigma'_1 + \sigma'_3) - 268.98$$
$$(\sigma'_1 - \sigma'_3)^2 = 11.74(\sigma'_1 + \sigma'_3) - 5.11 \tag{3-11}$$

当 $\tau'_{xy}=0$ 时，斜面 AB 上、下面上受到的有效正应力 σ'_y 为最大有效主应力 σ'_1，而斜面 AB 左、右面上受到的有效正应力 σ'_x 为最小有效主应力 σ'_3，则

$$(\sigma'_y - \sigma'_x)^2 = 33.18(\sigma'_y + \sigma'_x) - 268.98$$
$$(\sigma'_y - \sigma'_x)^2 = 11.74(\sigma'_y + \sigma'_x) - 5.11$$

(3-12)

把式(3-3)、式(3-5)代入式(3-12)，得

$$\frac{(\sigma_y - \sigma_x)^2}{(1 - D_0 - D_1)^2} = 33.18(\sigma_y + \sigma_x) - 268.98$$
$$\frac{(\sigma_y - \sigma_x)^2}{(1 - D_0 - D_1)^2} = 11.74(\sigma_y + \sigma_x) - 5.11$$

(3-13)

由式(3-13)可以看出，在设定条件下特厚煤层综放开采的煤体能否破坏的关键取决于其所处的应力环境，主要是垂直应力 σ_y 和沿工作面推进方向的水平应力 σ_x；另外，煤体能否破坏还取决于煤体的损伤程度及其分布。所以，当煤体单元体的应力和损伤满足式(3-13)所示的关系式时，煤体单元体处在极限破坏状态；而当煤体单元体的应力和损伤关系曲线处在式(3-13)形成的二次抛物线形成的包络线范围内时，煤体单元体已处在破坏状态。

3.3 工作面前方煤体瓦斯运移理论分析

3.3.1 瓦斯赋存及其介质

瓦斯赋存：煤层瓦斯主要成分是甲烷(CH_4)，多来自于煤层和煤系地层，是在成煤过程中伴生的混合气体。瓦斯主要以吸附态和游离态存在于原始煤岩体中，其中吸附态占绝大部分，煤层中较大的孔隙和较大的裂隙之中存在的主要是游离态瓦斯。经过实验研究，1963 年周世宁院士依据我国煤层瓦斯赋存的基本情况，提出了影响煤层原始瓦斯含量的主要因素有：煤变质的程度、煤埋藏的深度、地形特征、煤层露头情况、地下水文地质情况、煤层地质构造特性、煤层地质发展史、煤层本身的透气性及顶底板的透气性等。对于两种不同状态的瓦斯，在计算瓦斯含量时可分别计算游离态瓦斯含量和吸附态瓦斯含量：

游离态瓦斯位于煤层较大孔隙、裂隙中，可以与水等混相共存，可以按真实气体状态方程进行相关计算，即

$$pV=ZoRT$$

(3-14)

式中，V 为瓦斯体积，m^3；p 为瓦斯压力，MPa；T 为绝对温度，K；o 为摩尔数；R 为气体常数，$MPa \cdot m^3 (kmol \cdot K)$；$Z$ 为压缩因子。

瓦斯压力变化率也可以用气体的压缩系数来表示，即对上式进行微分得到：

$$C_g = \frac{1}{p} - \frac{1}{Z} \frac{dZ}{dp}$$ (3-15)

式中，C_g 为瓦斯压力变化率。

理想气体 $Z=1$，而对于煤层瓦斯 Z 是瓦斯压力和温度的函数，可根据等温 Z-P 曲线求得 C_g 取值。

吸附态瓦斯是以吸附形式存在于煤层中的瓦斯。吸附是气体附着在固体表面的一种现象，分为物理吸附和化学吸附。煤层固体吸附附近气体分子的作用力为分子间引力，即范德华力，不存在化学键的断裂与重组，因此属于物理吸附。研究表明，煤体对瓦斯的吸附是瓦斯温度与压力的函数，可以用单位质量煤体吸附瓦斯气体的体积表示，即

$$v = f(T, p)$$ (3-16)

目前，煤体对瓦斯的吸附等温曲线模型有很多种，其中应用最为广泛的是朗缪尔(Langmuir)模型，该模型认为等温吸附曲线符合朗缪尔方程，方程表达式为

$$v = \frac{abp}{1+p}$$ (3-17)

式中，v 为瓦斯吸附量，m^3/t；a 为第一吸附常数，其大小取决于吸附剂、吸附质的性质，以及在一定的温度下单位质量固体的极限吸附量，对于煤吸附瓦斯而言，该值一般为 $15 \sim 55 m^3/t$；b 为第二吸附常数，其大小取决于温度和吸附剂的性质，对于煤吸附瓦斯而言，该值一般为 $0.5 \sim 5.0 MPa^{-1}$；p 为吸附平衡时的瓦斯压力。

煤层瓦斯是一种含有多种气体的混合气体，主要成分是 CH_4，也含有少量的 CO_2、N_2 及 H_2 和其他烷类气体。实验(吸附)表明，煤对这些组分气体的吸附能力的顺序为：$H_2 > CO_2 > N_2 > CH_4 > C_2H_2$[7-11]。由于 CO_2 廉格低价而且具有灭火性能，向煤层中注入 CO_2 以置换更多的甲烷资源是一种从原理上可行的技术。

两种状态的转换：游离态瓦斯和吸附态瓦斯的相互转化称为吸附和解吸过程。在某一恒定情况下，游离态瓦斯和吸附态瓦斯会形成一个动态平衡。然而，当温度、湿度或者其他外部环境改变时，煤层瓦斯两种状态的互变在一定程度上还要依赖于煤储层的含气饱和度、瓦斯压力等条件[12]。煤层生成年代、地形地貌特征的不同，以及地质构造变化等多种因素的影响，导致煤层瓦斯赋存具有垂向分带特性，即普遍从煤层露头开始向下分成 4 个带：CO_2-N_2 带、N_2 带、N_2-CH_4 带、

CH_4 带，而前三个带通常还被称为"瓦斯风化带"。各带的煤层瓦斯组分和含量有很大差别，见表 3-1[13]。

表 3-1　煤层瓦斯各带的组分与含量

带名	CH_4		N_2		CO_2	
	组分/%	含量/(m³/t)	组分/%	含量/(m³/t)	组分/%	含量/(m³/t)
CO_2-N_2 带	0~10	0~0.16	20~80	0.1~1.42	20~80	0.19~2.24
N_2 带	0~20	0~0.22	80~100	0.2~1.86	0~20	0~0.27
N_2-CH_4 带	20~80	0~5.27	20~80	0.25~1.78	0~20	0~0.14
CH_4 带	80~100	0.6~10.5	0~20	0~1.93	0~10	0~0.37

3.3.2　多孔介质

煤及煤系地层均为天然岩石，是含有孔隙和裂隙的多孔介质，并且固相、液相和气相并存，瓦斯在该多孔介质中赋存和运移，因此，在研究瓦斯运移和流动机理时先要研究煤层这一多孔介质。煤层孔隙、裂隙是瓦斯吸附的容器和运移的通道，瓦斯的解吸与吸附都与孔隙和裂隙的表面活性有关，也是透气性系数的微观表现。另外，煤体是一种非连续、非均质的各向异性体，其孔隙、微裂隙、裂隙、裂缝分布具有复杂性和随机性。王恩元和何学秋[9]在 1995 年通过压泵法证实了煤体的孔隙特征并得出煤体孔隙具有分形特征且满足幂指数规律；冯增朝等[14]进一步研究表明，煤体内三维裂隙数量与其大小也符合幂指数规律。

3.3.3　瓦斯运移机理

瓦斯在煤层中的运移是十分复杂的过程，目前学者认为煤层瓦斯运移可分为两个过程，瓦斯先以扩散形式从煤体基质的孔隙中流到煤体的裂隙中，然后再以渗流形式从煤体的裂隙中流到煤体的外部空间，也就是瓦斯在孔隙类的微孔中做分子扩散运动，而在裂隙中做分子层流运动[8]。

瓦斯扩散运动：根据国内外研究成果，普遍认同当瓦斯流动的孔隙直径小于 lμm 时，瓦斯的质量流将与瓦斯密度、梯度呈正比，瓦斯质量流从浓度较大的区域扩散到浓度较小的区域，该过程符合扩散规律，这种扩散运动受到克努森扩散、体积扩散和表面扩散的综合作用[13-15]，符合菲克(Fick)定律，其方程为

$$dm = -N_1 \frac{dc}{dl} dt \qquad (3-18)$$

式中，m 为瓦斯扩散量，m³/m²；dc/dl 为瓦斯浓度梯度，m³/(m³·m)；N_1 为瓦斯扩散系数，m²/d；t 为时间；负号表示扩散的发生与浓度增加的方向相反。

瓦斯渗流运动：瓦斯在较小煤层裂隙中移动较慢，属于分子层流运动，符合达西定律[16]，方程为

$$k_{\mathrm{f}} = \frac{\mu L Q_{\mathrm{f}}}{wh\Delta p_{\mathrm{f}}} \tag{3-19}$$

式中，Q_{f} 为在压差 Δp 作用下通过裂隙的流量，$\mathrm{m^3/s}$；w 为裂隙宽度，m；h 为裂隙高度，m；μ 为流体粘度，$\mathrm{MPa \cdot s}$；Δp_{f} 为裂隙压力差，MPa；L 为裂隙长度，m；k_{f} 为裂隙的渗透率，$\mathrm{D}^{①}$。

如果瓦斯在较大的裂隙中流动，当瓦斯层流运动的雷诺数大于一定值后，瓦斯在煤层中的流动显现出非线性渗流特性。在非线性渗流条件下，瓦斯在煤层中流动的比流量与压力差的关系可用下式表示[17]：

$$q_n = \lambda \left(\frac{\mathrm{d}p}{\mathrm{d}n} \right)^m \tag{3-20}$$

式中，q_n 为 n 点的比流量，$\mathrm{m^3/(m^2 \cdot d)}$；$\lambda$ 为煤层透气性系数，$\mathrm{m^3/(MPa^2 \cdot d)}$；$p$ 为瓦斯压力的平方差，$\mathrm{MPa^2}$；n 为与流动方向一致的极小长度，m；m 为渗透指数，m 取值范围为 $1 \sim 2$。

当瓦斯流动压力梯度较小、流速较低时，就可能发生煤壁分子对瓦斯分子的阻滞作用，瓦斯分子在煤壁表面滑动，瓦斯渗流运动偏离线性渗流特征。

3.3.4　煤体瓦斯流动关键问题分析

煤壁前方煤体瓦斯流动的数学模型是在煤壁前方煤体瓦斯的储存和运移过程中，煤体与瓦斯相互作用的定量描述。目前国内大致上有 3 种基本理论：①以周世宁院士为代表的瓦斯渗流模型[17-20]，该理论认为瓦斯在煤体中流动遵循达西渗流定律；②以王佑安为代表的瓦斯扩散模型；③以赵阳升[21]为代表的煤体变形与瓦斯渗流的流固耦合模型，该理论主要考虑了煤体内瓦斯的运移产出与煤体的变形作用的动态关系，与实际开采煤层瓦斯流动状况更加符合。

流固耦合模型具体可分为三种[20]：第一种是等效孔隙介质模型，该模型主要把煤体简化为多孔连续介质的各向同性弹性材料，这种模型计算简单，对研究对象整体性能比较好的情况较为适合，但对于裂隙比较发育的煤层来说误差较大。第二种是孔隙-裂隙二重介质模型，该模型认为煤体被一个一个的裂隙分成小的煤块，每个煤块含有更小的孔隙，煤体骨架遵循弹性力学的各项性能和渗透规律，类似于损伤力学的基本概念，其参数引用当量参数。该模型经过近些年的发展与运用，已经逐渐完善，可较为客观地描述煤层瓦斯流动规律。第三种是块裂介质模型，该模型更符合煤层实际情况，但由于煤体中裂隙分布的复杂性，建模过程涉及太多的裂隙展布特征，本书采用流固耦合的第二种模型分析工作面前方煤壁

---

① 1D$=0.986923 \times 10^{-12} \mathrm{m^2}$。

瓦斯流动状态，结合渗透率和孔隙率在煤岩体体积应变作用下的变化特性，揭示随工作面推进煤体应力应变、渗透率变化规律及这种变化规律所引起的瓦斯流动。

渗透率的影响因素分析：综合国内外专家的研究成果，影响渗透率的主要因素有地应力、分子滑移、解吸变形、压缩变形等，下面逐一分析。

(1) 地应力的影响。当煤体受到较高应力时，煤体中裂隙及孔隙就会逐步闭合从而影响渗透性，所以煤体渗透性对应力较为敏感。当煤体处于吸附瓦斯状态时，其塑性明显变强，裂隙和孔隙闭合效应会更加明显。相反，瓦斯在煤体中的运移和流动必然对煤体本身的强度和变形产一定程度的影响，因此在建立流固耦合模型时应考虑地下应力场和渗流场的相互影响及它们的耦合作用。文献[21]给出了煤层瓦斯渗透率和有效应力的关系：

$$k = k_s e^{-C_p \sigma} \tag{3-21}$$

式中，k 为应力场作用下的煤层渗透率；k_s 为煤骨架的体积模量；C_p 为取决于煤体的常数；σ 为有效应力。

(2) 分子滑移效应[22,23]。分子滑移现象又称克林肯贝格 (Klinkenberg) 效应，是瓦斯分子在煤层孔隙通道内与通道内分子碰撞，沿着煤体通道面滑动的现象。Klinkenberg 效应会阻碍分子流速，降低煤层渗透率。Klinkenberg 提出的影响方程如下：

$$k_m = \frac{16\mu C}{P_m} k_0 \sqrt{2RT/\pi M} \tag{3-22}$$

式中，k_m 为滑移渗透率；k_0 为绝对渗透率；C 为常数 (取 0.9)；μ 为流体黏度；R 为气体常数；T 为绝对温度；M 为流体的分子量；P_m 为平均气体压力。

(3) 煤体解吸变形。煤体与瓦斯是相互影响的，煤体吸附瓦斯会自身膨胀，解吸瓦斯会自身收缩。在瓦斯涌出过程中，瓦斯压力减弱，煤层瓦斯逐渐解吸，与此同时，煤基质也逐渐收缩，最后导致煤层孔隙和裂隙增大，渗透率升高。文献[24]给出了煤体自身解吸使渗透率变化的关系式：

$$k_{ss} = C_p V_d \tag{3-23}$$

式中，V_d 为吸附状态下的体积；C_p 为取决于煤体的常数。

(4) 煤体的非均质性。如前所述，煤体可以看作是天然孔隙-裂隙二重介质，是一种非均质的地质材料，主要由于煤体内存在大量离散裂隙，这些随机的裂隙把煤层随机分成各个大小不一的完整基质块体，基质块体可看成一种均质体，并符合达西定律，而裂隙中的瓦斯流动也是符合达西定律的，只是它们的力学参数相差太大而已，因此这里把基质块体和裂隙统称为表征单元，而表征单元中又包含许多微元体(即模型中的网格)，无数个不同参数的微元体随机组合，就构成了具有不同力学特性的表征单元，即实现煤的非均质性。为使煤体具有非均质性，可以通过赋予这些微元体不同的参数，即运用随机分布函数给微元体赋值。基于韦布尔(Weibull)分布具有适用性广、覆盖性强的特点[25]，可用此函数为表征单元中的微元体赋值，也就是先假定表征单元各项参数符合 Weibull 分布，引入函数得

$$\varphi(\alpha) = m\beta^{-M} \mathrm{e}^{\left[-\left(\frac{\alpha}{\beta}\right)^{M}\right]} \tag{3-24}$$

式中，α 为非均介质的特定力学参数(强度、弹性模量、渗透系数等)；β 为表征单元力学参数的算术平均值；M 为非均质参数，反映材料的均质程度；$\varphi(\alpha)$ 为统计分布密度函数。

根据分布函数基本定义可得

$$\int_0^{+\infty} \varphi(\alpha) = 1 \tag{3-25}$$

把表征单元密度参数值进行离散化为$\{\alpha_1, \alpha_2, \alpha_3, \cdots, \alpha_{n+1}, \alpha_{n+2}, \alpha_{n+3}, \cdots\}$，分布函数曲线 $\alpha_n \sim \alpha_{n+1}$ 的面积为

$$\Delta S = \int_{\alpha_n}^{\alpha_{n+1}} \varphi(\alpha) \approx \frac{\Delta\alpha\left\{f\left[\alpha_n + f(\alpha_{n+1})\right]\right\}}{2} \tag{3-26}$$

设微元体的总数为 N，则微元体参数介于 $\alpha_n \sim \alpha_{n+1}$ 的数量 ΔN 等于：

$$\Delta N = \Delta S \times N \tag{3-27}$$

通过计算机随机函数生成 ΔN 个介于 $\alpha_n \sim \alpha_{n+1}$ 的随机参数值，$\alpha_1 \sim \alpha_n$ 都进行如此操作至 ΔN 等于零时停止，总共得到 N 个符合 Weibull 分布函数参数序列，然后将其不重复地赋给 N 个微元体，从而实现煤体的非均质化要求。

煤体的塑性分析。煤岩体材料的破坏主要是剪切破坏和拉伸破坏，可以用主应力表示煤体的剪切破坏准则与拉伸破坏准则[26]：

$$\begin{cases} \dfrac{\sigma_1}{R_c} + \dfrac{\sigma_2}{2R_s} = 1 & \sigma_1 > R_c/2 \\ \sigma_3 = -R_s & \sigma_1 \leqslant R_c/2 \end{cases} \tag{3-28}$$

式中，σ_1、σ_2 和 σ_3 分别为第一主应力、第二主应力和第三主应力；R_c 为煤体单轴抗压强度；R_s 为煤体单轴抗拉强度。

地下煤体的受力破坏过程比较符合 3 种剪切破坏模型(弹脆性模型、应变软化模型、弹塑性模型)中的应变软化模型[27-29]，其本构关系用 3 个阶段来表示：

1）线弹性阶段

该阶段应力应变服从弹性模量为常数的线弹性规律及胡克定律。当主应力达到剪切破坏准则时，应变进入第二阶段即应变软化阶段。

$$\delta = E\varepsilon \tag{3-29}$$

式中，δ 为应力。

2）应变软化阶段

该阶段煤体承载能力下降，软化后其弹性模量是变化的，表达为

$$E^{\mathrm{P}} = \delta^{\mathrm{P}} / \varepsilon^{\mathrm{P}} \tag{3-30}$$

式中，δ^{P} 为软化后的应力；ε^{P} 为软化后的应变。

3）残余应力阶段

煤体破坏后，内聚力为零，只剩下内摩擦力维持期残余强度，其残余弹性模量为

$$E^{\mathrm{P}} = R_{\mathrm{Scy}} / \varepsilon_{\mathrm{t}} \tag{3-31}$$

式中，R_{Scy} 为残余应力；ε_{t} 为残余应变。

参 考 文 献

[1] 张农. 软岩巷道滞后注浆围岩控制研究[D]. 徐州: 中国矿业大学, 1999.

[2] Zhang N, Wang C, Zhao Y M. Rapid development of coalmine bolting in China[C]. The 6th International Conference on Mining Science & Technology, Xuzhou, 2009.

[3] 李兆霞. 损伤力学及应用[M]. 北京: 科学出版社, 2002.

[4] 翟新献. 下分层综放开采顶煤损伤变形和移动规律[D]. 北京: 中国矿业大学(北京), 2005.

[5] 樊运策, 康立军, 康永华, 等. 综合机械化放顶煤开采技术[M]. 北京: 煤炭工业出版社, 2003.

[6] 胡国伟, 靳钟铭. 基于 FLAC^{3D} 模拟的大采高采场支承压力分布规律研究[J]. 山西煤炭, 2006, 26(2): 10-13.

[7] 魏锦平, 宋选民, 靳钟铭, 等. 综放采场围岩复合结构力学模型及其控制研究[J]. 湘潭矿业学院学报, 2003, 18(2): 5-8.

[8] 康建荣, 王金庄. 采动覆岩力学模型及断裂破坏条件分析[J]. 煤炭学报, 2002, 27(1): 16-19.

[9] 王恩元, 何学秋. 煤层孔隙裂隙系统的分形描述及其应用[J]. 阜新矿业学院学报(自然科学版), 1996, 15(4): 407-410.

[10] 何学秋. 含瓦斯煤岩流变动力学[M]. 徐州: 中国矿业大学出版牡, 1995.

[11] 苏现波. 煤层气储集层的孔隙特征[J]. 焦作工学院学报, 1998, 17(1): 9-10.

[12] James R W. Strength of epoxygrouted anchor bolts in concrete[J]. Journal of Structural Engineering, 1987, 113(12): 2365-2381.

[13] 张子敏. 瓦斯地质学[M]. 徐州: 中国矿业大学出版社, 2009.

[14] 冯增朝, 赵阳升, 文再明. 岩体裂缝面数量三维分形分布规律研究[J]. 岩石力学与工程学报, 2005, 24(4): 601-609.

[15] 付玉. 煤层气储层数模拟研究[D]. 成都: 西南石油学院, 2004: 25.

[16] 苏现波, 煤阶对煤的吸附能力的影响[J]. 天然气工业, 2004, 25(1): 19-21.

[17] 张中德. 美国几州煤层气研究[J]. 煤矿安全, 1990, 12: 46-58.

[18] Smith D M, Williams F L. Diffusion effects in the recovery of methane from coalbeds[J]. Society of Petroleum Engineers Journal, 1984, 10: 529-535.

[19] 周世宁, 孙辑正. 煤层瓦斯流动理论及其应用[J]. 煤炭学报, 1985, 2(1): 24-37.

[20] 周世宁. 瓦斯在煤层中流动的机理[J]. 煤炭学报, 1990, 15(1): 15-24.

[21] 赵阳升. 煤体—瓦斯耦合数学模型及数值解法[J]. 岩石力学与工程学报, 1994, 13(3): 229-239.

[22] 张峰光. 低渗透煤层瓦斯流固耦合理论的研究[D]. 太原: 太原理工大学, 2007.

[23] 黄远智, 王恩志. 低渗透岩石渗透率对有效应力敏感系数的试验研究[J]. 岩石力学与工程学报, 2007, 26(2): 410-413.

[24] 汪有刚, 刘建军, 杨景贺, 等. 煤层瓦斯固流耦合渗流的数值模拟[J]. 煤炭学报, 2001, 26(3): 285-289.

[25] 冯增朝. 低渗透煤层瓦斯抽放理论与应用研究[D]. 太原: 太原理工大学, 2005.

[26] 李毅. 原煤、型煤吸附—解吸变形规律对比研究[D]. 重庆: 重庆大学, 2012.

[27] 骆红云, 刑波, 王宏伟. Weibull 分析及工程应[J]. 机械与电子, 2006, (5): 1-3.

[28] 蒋彭年. 岩石的破坏准则[J]. 水利水运科学研究, 1983, 1(8): 87-89.

[29] William I. Engineering Behavior of Rock[M]. London: Chapman and Hall Ltd, 1983.

4 平巷扩底反充锚杆支护研究

我国矿山每年掘进巷道总里程数巨大，其中煤巷占总里程数的 1/3 左右。而放顶煤工作面上下平巷全是煤巷，而且对于较厚煤层巷道支护中锚杆长度范围内大多也都是煤层，煤层相比岩石胶结性差、易松散破碎，同时还具有易风化、遇水膨胀崩解，整体强度低等特性，致使相对岩巷煤巷支护更困难。较多煤巷在使用过程中经历数次翻修加固，不但造成开采成本大幅度上升，而且严重影响矿井的正常生产，造成安全威胁。为解决放顶煤煤巷支护难题，国内外学者进行了许多有益的探索工作，在方法和设备上进行了改进，虽然取得了一定效果，但取得的效果并不明显。每年软岩巷道的翻修率高达 70%以上。因此，煤巷支护理论与技术一直是煤矿巷道支护的重要内容[1-9]。

截至目前，树脂锚杆支护在煤矿开采中的巷道支护中应用非常广泛。树脂锚杆支护是在结构物与煤岩体之间产生约束力，将两者紧紧约束在一起。通过锚杆与煤岩体之间的剪切作用传递结构物的拉力，进而改善支护巷道围岩的力学特性、提高支护巷道围岩的承载能力，从而起到支护巷道的作用。树脂锚杆改善巷道围岩的特性主要是通过锚杆杆体与树脂锚固剂之间的复杂作用机理实现的[10-13]。我国煤矿开采特点主要是煤层上覆岩层地质条件复杂，煤矿灾害多发，存在严重的安全隐患。同时随着开采深度的不断增加，煤矿巷道的稳定问题更加突出。巷道锚杆支护是一种适于机械化的快速、经济、有效的支护方式[14-18]。

软弱煤岩体的共同特征就是强度低，孔隙度大，胶结程度差，在工程力的作用下容易产生明显塑性变形的一类松、散、软、弱岩层。其中软是指巷道围岩强度很低，塑性较大或者含有膨胀性黏土矿物质，这类岩石受力后容易变形，表现出较大的流变特性；弱则是指受到较多的地质构造的破坏，形成了许多节理、片理、裂隙等弱面，破坏了岩体原有的强度，导致岩体易破碎并滑移冒落。对于这类煤岩体巷道围岩控制，国内外多采用棚式支护、锚网索联合支护，在一定条件下达到了良好的围岩控制的目的，但当巷道为全煤巷时，而且煤体为软煤体时，巷道就会出现冒顶、片帮、底鼓等现象，最终导致巷道围岩发生大变形、破坏。

由于煤质软等特征，在使用树脂锚杆支护的煤巷中，随着支护时间的增长，煤巷树脂锚杆常发生沿钻孔壁滑移、脱落等现象。例如，新疆哈密所属的 6 处矿井的调研中树脂锚杆滑脱失稳现象占失效锚杆的 1/3 以上。滑脱失效严重影响了锚杆的支护效果，增加了井下的安全隐患，制约着煤矿高效生产。作者及其团队在新疆重点项目——特厚煤层煤巷树脂锚杆滑移失效机理及防治关键技术的基础上，利用团队提出的"扩底反充"专利技术对事先植入裸光纤传感器的扩底反充玻璃纤维增强聚合物(GFRP)锚杆的载荷传递规律、应力分布规律进行研究，并结合 FLAC[3D] 模拟和理论分析其失稳模式及影响因素，探讨扩底反充 GFRP 锚杆失稳发生条件，揭示其失稳机理，为易发生锚杆滑脱失稳巷道的治理提供理论指导。

4.1　国内外研究进展

20 世纪初，国外的巷道围岩支护理论正处于萌芽时期，已经初步形成了一些理论，如最初形成的是海姆、郎金等所提出的古典压力理论，他们认为支护结构承受的载荷来自于支护结构上方的岩体质量[19]。在该理论的研究过程中，很多学者对该理论进行了简单的系数修正，但是随着矿井采深的增大，该理论在实际应用中出现了一些问题，随后出现了坍落拱理论[20,21]。这一理论在实践应用中具有较高的指导意义，它首次提出了围岩的自承力概念。20 世纪中期，以芬纳公式和卡斯特纳公式为代表的弹塑性力学知识成为巷道支护技术的力学基础。60 年代，奥地利工程师 Rabcewicz[22]根据前人的研究成果，提出了一种与之前不同的隧道施工支护方法，即新奥法，该理论强调了围岩承载能力。围岩自身的承载能力成为巷道围岩稳定的主要因素，因而在巷道支护中按照这种思想进行支护设计，能够在很大程度上发挥围岩自身的支撑作用，所以这种支护方法成为在地下岩土工程施工中得到广泛应用的方法之一。Salamon 等提出了新的支护理论，即能量支护理论[23]，该理论的主要观点认为，支护结构与巷道围岩体是一个共同作用的整体，其发生同步变形，支护结构与围岩之间能量的相互转换是个等值关系，可保持总的能量不发生变化，因此可以通过调整支护结构的支护参数来调整二者之间的能量转换，使支护结构能够主动释放多余的能量。

国内对于软岩巷道支护理论的研究也取得了很多成果，20 世纪中期，陈宗基和傅冰骏[24]提出了岩性转化理论，该理论的主要思想就是围岩承受载荷而产生的应力、应变并不完全屈居于围岩的矿物成分和结构形态，还受到工程地质岩体赋存环境的影响。20 世纪 80 年代初，于学馥和乔端[25]提出了轴变理论，该观点认为，巷道围岩坍落以后可以处于一定的稳定状态，而巷道轴比的变化则往往导致巷道围岩的应力发生运移而重新分布。冯豫、陆家梁等在新奥法支护技术的理论角度提出了联合支护思想[26]，其观点是：巷道支护不仅要满足一定的支护刚度，还要兼顾刚柔结合的支护形式，以这种观点为基础而逐渐出现了锚网喷、锚带喷等支护形式。随后，朱浮声和郑雨天[27]以联合支护理论为中心，提出了锚喷-弧板支护理论，就是强调在软岩支护上要做到"防顶结合""先柔后刚"，适当放压，控制围岩整体变形。较为经典的为董方庭[28]提出的松动圈理论，该理论认为：松动圈为零的坚硬围岩裸露巷道，不需要进行人工支护，松动圈大小与巷道收敛程度的趋势相同，巷道围岩的松动圈越大，巷道支护难度就越大。所以，进行巷道支护的主要目的就是要控制围岩松动圈，尤其是对于松软煤岩体巷道，减少松动圈的扩展，控制围岩向巷道轴线方向发展，可减少围岩的有害变形。煤炭科学技术研究院有限公司的康红普院士基于不同原岩应力和不同围岩强度条件对围岩承载圈的分布特征和影响因素进行研究，并提出围岩承载圈理论，该理论的核心内容为：巷道围岩内均存在关键承载圈，承载圈厚度和围岩应力对支护有重要影响，即巷道承载圈围岩应力越小，承载圈厚度越大，巷道支护越容易。在没有受到人为弱化围岩等影响时，巷道承载圈距离巷道周边越近，巷道支护就越简单；反之则不易支护[29,30]。

软岩在地层中分布较为广泛，在大多矿区均有分布，因此这类围岩巷道的支护问题成为煤矿生产中一直难以解决的技术难题，经过国内外研究学者几十年的努力，形成了锚喷、锚注、锚喷网架等一系列支护形式，由于软岩特征繁多，结构复杂，需对不同类型的软岩巷道分别进行支护设计。

膨胀性软岩巷道支护技术。膨胀性软岩具有很强的吸水性，在潮湿环境下易发生体积膨胀，进而导致巷道变形破坏，避免该种软岩接触水的初期主要方法就是进行喷层支护，就是在膨胀性软岩巷道开挖后，向裸露的围岩表面喷涂凝固后具有一定强度的水泥砂浆，形成一种稳定的保护层，减少环境对围岩体的破坏。由于该类软岩随时间增长变形较大，为维护巷道稳定，还需要进行锚杆(索)、柔性金属支护等，这种以锚喷为主的支护形式，对膨胀性软岩巷道的支护具有一定效果[31]。

高应力软岩巷道支护技术。高应力软岩巷道承受较大的地应力，在进行支护时必然有一个能量的释放，因此对于这类巷道多采用预留刚柔层进行支护，就是在支护结构之间留有一定的空隙，给高应力软岩巷道一定的变形空间，同时保证支护体具有足够的支护刚度[32]。

节理化软岩巷道支护技术。该类巷道节理发育程度较高，具有层状特性或者受构造影响严重，围岩表现为松软破碎。U形钢、锚杆等支护形式使用效果往往达不到防治目的。实践证明，锚注支护是该类软岩巷道有效的支护方式之一，能够起到改善松软岩体性能的效果[33]。

复合型软岩巷道支护技术。这类软岩具有上述3种软岩的性质，因此其变形破坏形式更加复杂，支护较困难。实践探索出以预应力锚杆、锚索为主动支护结构，再配以钢筋网、工字钢梁及喷射砂浆混凝土等联合支护形式，能够提高岩层的抗变形能力和抗剪能力，保证复合型软岩的整体稳定性[34]。

4.2　锚杆支护研究现状

锚杆支护是目前我国煤矿开采中最主要也是最流行的支护方式，根据记载，煤矿最早用锚杆支护的是美国（1912 年最早使用）[1][36]。20 世纪 40～60 年代，锚杆支护在美国得到了初步应用和发展，到 80 年代锚杆支护已成为岩石工程最重要的支护方法。我国最早将锚杆应用于煤矿巷道支护是在 1955 年[37]。之后其发展较为缓慢。直至 90 年代，我国大力发展为综合机械化开采，为保证综采工作面快速推进，中国矿业大学、煤炭科学研究总院联合邢台矿务局和新汶矿务局在其所属矿区大力推进煤巷锚杆支护技术攻关。研究人员在吸收、借鉴国外煤巷锚杆支护成果的基础上，创新推出了以“深井复杂地质条件下煤巷树脂锚杆成套支护关键技术”等为代表的大批科研成果，在支护的快速、有效、适应性等方面取得了巨大进步[38-45]。

树脂锚杆的使用始于德国（1958 年），到现在树脂锚杆已经成为煤矿地下开采巷道的主要支护形式。我国对树脂锚杆引进、使用较晚。1974 年开始引进，1976年开始应用于煤矿试验。在取得不错的效果之后，树脂锚杆的使用得到了推广。通过针对我国煤矿地质条件及生产条件进行的深入研究，全长树脂锚固高强度螺纹钢锚杆、加长树脂锚固高强度螺纹钢锚杆、小孔径树脂锚杆预应力锚索成为我国煤矿巷道的主导支护技术。

在前人研究的基础上，通过对树脂锚杆相关研究和试验的总结得出，树脂锚杆研究的主要内容分为：不同锚固方式锚杆应力分布规律、树脂锚固剂本身的力学性能、树脂锚杆锚固性能的主要影响因素[46]。

树脂锚杆不同锚固方式锚杆应力分布规律的研究。树脂锚杆锚固方式分为端部锚固、全长锚固和加长锚固。因此对 3 种锚固方式锚杆杆体应力分布特征的研究成果有很多，如 Freeman[47]在 20 世纪 70 年代就实测了在各种岩体中锚杆的受力并分析了其具体特征，提出锚杆“中性点”的概念，由于在这个位置锚杆与围岩的位移相同，认为“中性点”锚杆剪切力为零。在此基础上，Björnfot 和 Stephansson[48]考虑得更为细致，其认为在岩体中存在很多节理，锚杆杆体会与多个节理相交，因此锚杆的“中性点”会存在很多个。Tao 和 Chen[49]通过研究圆形巷道锚杆全长锚固与巷道围岩之间的作用机理，总结出锚杆“中性点”的位置计算公式。James[50]运用线性和非线性有限元软件进行数值模拟，推导出锚杆锚固系统极限抗拉强度的近似表达式。Selvadurai[51]基于预紧力锚固范围内，锚固区域呈均匀、线性或者抛物线性分布等假设，得出了刚性圆形托盘与蠕变半空间体的相互作用关系，给出了解决发生阶梯式位移时锚索预紧力的损失方法。我国在树脂锚杆的锚杆应力分布研究中也有很多突出贡献，在本土煤矿条件下总结出“中性点"的计算方法,同时也研究出了锚杆托盘对全长锚固锚杆受力状态的影响[52-54]。

树脂锚杆锚固剂本身的力学性能的研究。我国煤层地质条件复杂,针对我国的地质条件,一些学者研究出适合的锚固剂。研究学者在锚固剂专用树脂、固化剂、促凝剂、配料等方面做了很多研究,得出不同固化速度、不同尺寸、不同规格的树脂锚固剂[16]。杨绿刚[55]根据煤矿淋水特征研究出了一种防水的树脂锚固剂,进一步扩大了树脂锚杆的适用范围。

树脂锚杆锚固性能的主要影响因素。研究发现,能影响树脂锚杆锚固性能的因素有很多,如锚杆直径、锚杆长度、锚杆形状、锚固材料的特性、锚固长度、树脂锚固剂厚度等,这些因素对树脂锚杆拉拔的位移及载荷有很大影响[56-58]。崔千里[59]、胡滨[60]较为全面地研究了树脂锚杆锚固系统中杆体长度、锚固长度、钻孔直径、锚杆杆体在钻孔中的居中情况对树脂锚杆锚固性能的影响;勾攀峰等研究了水、温度对树脂锚杆锚固性能的影响[61-64]。

4.3 锚杆扩孔技术研究现状

国外在扩孔技术方面发展得较早,机械扩孔法是最常用、发展较成熟的技术之一,其可以使达到设计深度的常规钻孔再扩大锚固段直径,该过程采用扩孔钻头进行,特点是操作简便、易控制。1966 年美国在黏土中成功采用了小孔径端头扩大型锚杆技术[65],扩孔直径为 75~250mm,实践证明,在锚杆锚固长度为 4m 的情况下工作荷载可以达到 340kN。澳大利亚 Freyssinet 公司在扩孔锚杆的基础上研究出了一种旋喷扩体锚杆技术;1982 年捷克斯洛伐克的一家研究机构研发了锚杆钻孔布袋式注浆扩孔技术及爆炸扩孔技术,此外,国外的一些爆炸扩孔技术仅适用于基坑等支护领域[66]。

目前国内的扩孔技术主要分为机械扩孔、水力扩孔、爆炸扩孔和压浆扩孔等,但目前应用较多的是机械扩孔,由于这些工艺的部分技术原理已经落后或者应用范围较为狭窄,扩孔技术在煤矿支护领域发展较慢,而对于软弱煤岩体巷道中的扩孔锚固所使用的扩孔器具的研究就更少。例如,杜泽生等[67]对高压水射流在高瓦斯、煤与瓦斯突出矿井中的扩孔技术进行了研究;陆观宏等[68]研制出了一种适用于岩土工程的锚杆扩孔技术,该装置适用于单轴抗压强度≤3.0MPa 的岩层,可实现任何角度及锚杆孔的任何局部位置扩孔,扩孔段直径范围为 150~600mm 或者可以更大,通过进行局部扩孔和分段扩孔来增大锚杆在岩土层中的锚固性能,避免了以增大锚固长度来增大锚固力的不足;丁文正等[69]对微台阶扩孔技术的应用进行研究,针对坚硬岩层的扩孔技术采用自行研发的液压张开机械定位孕镶 PDC 刀翼式扩孔工具;黄清和和邹燕红[70]针对锚杆抗拉拔的研究介绍了一种简单易操作的定位扩孔技术,该项技术是在钻打正常锚杆孔后,在钻孔一定位置上定量、定位扩孔,进而使钻孔局部成为扩大体的锚杆孔,经过注浆使扩孔部分与正常钻孔部分连为一体,共同承载锚杆的轴向拉拔力;刘克林等[71]在煤层气掏槽井扩孔钻头研究的前提下,研发出了一种 PS—150/700D 局部双翼扩孔钻头;刘少伟等[72]、张辉和程利兴[73]研究出了一种单翼锚杆孔扩孔装置,对煤矿地下巷道支护的锚杆孔进行扩底扩孔,并研究了不同孔形状对树脂锚杆锚固性能的影响。

对于扩孔钻头的研发多用于石油、基坑边坡支护及瓦斯抽采等领域,扩孔技术在煤矿支护领域发展较慢,原因可能是:在石油、基坑边坡支护及瓦斯抽采领域中所需的扩孔直径都比煤矿锚杆支护中的锚杆孔直径大,与其对应的扩孔钻头难以满足小孔径扩孔技术的要求,不适用于煤矿支护领域;针对软弱煤巷进行扩孔锚固在巷道锚杆支护领域不受重视,致使对锚固孔扩孔钻头的研究较缓慢,对于软弱煤巷实行锚固孔扩孔是解决该类巷道支护难题的一个创新方向。

4.4　问题的提出及研究进展

综合上述研究现状可以得出,经过众多学者的不懈努力,目前在软岩支护方面获得了较多成果,在一定程度上推进了煤炭工业安全高效生产。然而,软弱煤岩体巷道的锚杆支护由于钻孔围岩松软,锚固剂固化后与钻孔围岩界面之间的黏结力低、锚固效果较差,难以实现高预紧力,而高预紧力支护技术是煤矿锚杆支护领域的一大创新,对加强巷道围岩的约束作用至关重要。目前,针对软弱煤岩体提高锚固力的措施通常是加长锚固、全长锚固和注浆等,但在采动影响下,巷道围岩产生相对滑动容易导致脱锚、锚固剂衰减过快等现象,进而导致锚杆支护系统的整体锚固失效,同时,这些方法还增加了施工成本,使操作更加复杂。

截至目前,作者及其团队提出了两种锚杆栽植及支护方法。

第一种是"一种软煤(岩)巷道锚杆孔底部扩孔充填支护的方法",该方法分为6个步骤,包括:①使用钻机连接普通钻杆,在巷道壁规定位置钻锚杆孔;②退出钻机将普通钻杆换成扩孔钻杆与钻机相连,对锚杆孔进行孔底扩孔作业,扩孔结束后退出扩孔钻杆;③扩孔钻杆退出后清理孔内的煤岩屑;④使用注浆设备对扩孔部分进行注浆;⑤注浆部分待浆液凝固后,再使用钻机与普通钻杆相连进行钻孔;⑥对新形成的锚杆孔进行装填作业,即锚固剂与锚杆的装填作业,锚固剂凝固后在锚杆上套上垫片并拧上螺母,使垫片能够压紧巷道壁,如图4-1所示。该方法操作简单,成本较低,扩孔注浆后锚固性能较为稳定。能有效解决软煤岩巷锚杆与钻孔壁之间的滑移失效而造成锚杆失效的问题,能够改善矿井安全形势,提高矿井生产效率，对矿井实现安全高效开采与支护具有重要意义。

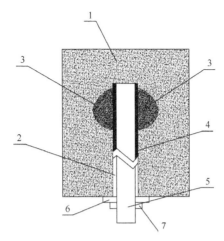

图 4-1　软煤(岩)巷道锚杆孔底部扩孔充填支护的方法示意图
1-围岩；2-正常锚杆孔；3-充填材料；4-锚固剂；5-锚杆；6-杆套；7-帽盖

　　第二种是"减少锚杆支护滑移失稳的栽植锚杆方法"。锚杆用于井下巷道支护具有结构简单、施工方便、适应性强等特点。因此，近年来锚杆支护已经成为巷道支护的主要方式，但是在锚杆支护的工程应用中锚杆的失效形式主要是支护过程中锚固时遇到孔壁上黏附的煤灰或破碎松软的围岩等使锚杆与孔壁之间发生滑移失稳。

　　鉴于锚杆滑移失稳问题，一些学者尝试采用锚杆孔扩孔方式来解决，但现有扩孔器材多为刀具，其部分被动张开切割岩石导致扩孔性能差，并且存在扩孔不稳定、刀具回收难等问题。因此，研制一种使用方便、扩孔性能稳定的扩孔钻杆成为一个新方向。

　　为了解决现有技术中的不足之处，提出了一种"减少锚杆支护滑移失稳的栽植锚杆方法"，原理是利用机械螺纹传动原理实现将锚杆孔孔壁或孔底进行扩孔并使所扩孔呈倒圆锥形槽，再进行栽植并注入锚固剂填充作业，可以实现刀具的主动伸出与回收。该方法能够实现在巷道锚固支护过程中对锚杆锚固力的提高，从而提高锚杆锚固性，解决锚杆滑移失稳问题，最终实现矿井安全高效支护，提高矿井安全生产水平。

　　"减少锚杆支护滑移失稳的栽植锚杆方法"的具体步骤如下，具体实施方式如图 4-2～图 4-4 所示。

　　(1)使用钻机连接普通钻杆，在巷道壁划定位置后钻锚杆孔；

　　(2)卸下普通钻杆，换上扩孔钻杆与钻机连接，对锚杆孔的底部进行扩孔作业，扩孔作业结束后，退出扩孔钻杆；

(3)清理锚杆孔内的煤屑和岩屑；

(4)将锚杆插入锚杆孔内，向锚杆孔内注入锚固剂；

(5)锚固剂凝固后，在锚杆上套上垫板并拧上螺母使垫片压紧巷道壁。

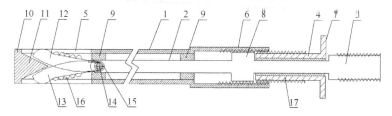

图4-2 扩孔钻杆的整体结构示意图

1-套管；2-推拉管；3-钻机连接轴；4-推拉驱动套筒；5-长孔；6-内螺纹管；7-手柄；8-驱动导块；9-导套；10-挡板；11-顶锥；12-第一扩孔刀片；13-第二扩孔刀片；14-销轴；15-扭簧；16-金刚石刀齿；17-轴套

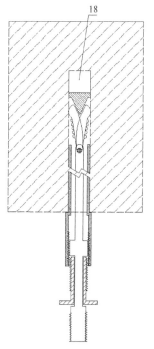

图4-3 锚杆孔扩孔前的状态图
18-锚杆孔

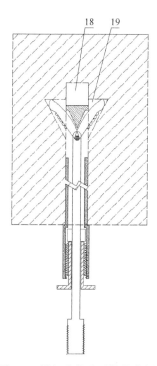

图4-4 锚杆孔扩孔后的状态图
18-锚杆孔；19-扩孔后的圆锥形槽

扩孔钻杆包括扩孔刀具、套管、推拉杆、钻机连接轴和推拉驱动套筒。推拉杆同轴向设置在套管内，假定套管和推拉杆均沿前后方向水平设置，扩孔刀具后端连接在推拉杆前端，套管前侧开设有两条均沿套管轴向方向中心对称的长孔，套管前端设置有用于驱动扩孔刀具伸出长孔径向张开的顶压结构，套管后端同轴向固定连接有内径大于套管的内螺纹管，推拉驱动装置同轴向伸入内螺纹管并与螺纹连接在内螺纹管内，推拉驱动套筒的后端设置有手柄，推拉杆后端依次穿过内螺纹管和推拉驱动套筒后与钻机连接轴前端同轴向固定连接，钻机连接轴外圆周设置有外螺纹结构，推拉杆上设置有位于内螺纹管内并与推拉驱动套筒前端顶压配合的驱动导块，驱动导块的最大回转半径大于推拉驱动套筒的内径且小于内螺纹管的内径，套管内壁固定设置至少两个均套设在推拉杆外的导套，推拉杆的外径与导套的内径相等。

顶压结构包括挡板和顶锥，挡板固定设置在套管的前端，顶锥后端部与挡板前侧面固定连接，扩孔刀具包括分别沿径向方向对应于一条长孔的第一扩孔刀片和第二扩孔刀片，第一扩孔刀片和第二扩孔刀片的后端通过销轴铰接在推拉杆前端，顶锥呈前粗后尖的锥形结构，第一扩孔刀片和第二扩孔刀片构成剪刀形状，顶锥后部伸入第一扩孔刀片和第二扩孔刀片之间，销轴上套设有扭簧，扭簧的两个簧臂分别顶压第一扩孔刀片和第二扩孔刀片，在扭簧的作用下，顶锥分别与第一扩孔刀片和第二扩孔刀片压接配合，第一扩孔刀片和第二扩孔刀片的外侧沿长度方向均设置有阶梯状的金刚石刀齿，第一扩孔刀片和第二扩孔刀片的厚度均与长孔的宽度适配。

其中一个导套设置在长孔后侧，另一个导套设置在内螺纹管前侧。

推拉驱动套筒内壁和推拉杆外壁之间设置有可更换的轴套。

步骤(2)具体为：首先把钻机连接轴与钻机的动力输出轴螺纹连接。其次将套管推入事先打好的锚杆孔内，拨动手柄转动，带动推拉驱动套筒旋转并沿内螺纹管向前移动，推拉驱动套筒、推动驱动导块前进，驱动导块带动推拉杆前移，推拉杆前端铰接的第一扩孔刀片和第二扩孔刀片向前移动。由于套管不动，随着第一扩孔刀片和第二扩孔刀片向前移动，套管前端的顶锥将第一扩孔刀片和第二扩孔刀片顶开并伸出两个长孔，第一扩孔刀片和第二扩孔刀片切入岩层。再次开动钻机，通过钻机连接轴高速旋转，钻机连接轴带动推拉杆旋转，推拉杆上的第一扩孔刀片和第二扩孔刀片随之旋转并带动套管旋转，第一扩孔刀片和第二扩孔刀片上的金刚石刀齿将钻孔底部扩成一个圆锥形槽。停止钻机，反方向转动手柄，使第一扩孔刀片和第二扩孔刀片在扭簧的作用下沿长孔缩回套管内。最后拔出套管即可完成扩孔作业。

步骤(2)具体为：在岩层过硬情况下，可先将推拉杆向前压到阻力较大时便开动钻机扩孔，然后停止钻机，接着再转动手柄使第一扩孔刀片和第二扩孔刀片继续张开，重复此过程两到三次即可实现扩孔。

步骤(4)具体为：锚固剂注入锚杆孔和圆锥形槽内后，旋转搅拌锚固剂使锚固剂与锚杆孔壁和锚杆充分接触并凝固。

　　步骤(4)中在锚杆孔内注入锚固剂，扩孔后圆锥形槽内也被锚固剂充满，通过旋转搅拌锚固剂最终实现如图 4-5 所示的锚固状态。锚固牢靠后，在锚杆上套上垫板并使用螺母螺纹连接在锚杆上，将垫板紧压到巷道壁上。这样就使锚杆与锚杆孔内壁之间结合得更加紧密牢靠，避免锚杆活动甚至被拉出锚杆孔外，造成锚杆失效问题。

　　上述方法中的扭簧起到将第一扩孔刀片和第二扩孔刀片复位到套管内的作用。导套和轴套均起到使导向推拉杆前后移动的作用。其中长孔后侧的导块起到在扩孔过程中阻挡煤岩碎屑进入套管内的作用。

　　驱动导块的最大回转半径大于推拉驱动套筒的内径且小于内螺纹管的内径，这样可以限定向前移动的位置，即当驱动导块与套管后端接触时，就不能再向前移动了。

　　另外，还可以在锚杆的外表面设置毛刺、凸起、凹槽等防滑结构，使锚固剂与毛刺、凸起、凹槽等防滑结构结合，起到良好的锚固定位作用。

　　综上所述，"减少锚杆支护滑移失稳的栽植锚杆方法"提供了一种利用机械螺纹传动原理将锚杆孔孔壁或孔底进行扩孔的钻杆。其操作简单，成本较低，扩孔性能稳定，刀具能够主动张开并有效回收；能够有效解决锚杆与孔壁之间的滑移失稳造成的锚杆失效问题，能够改善矿井安全形势，提高矿井生产效率，对矿井实现安全高效开采与支护具有重要意义。

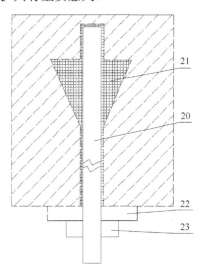

图 4-5　扩孔后锚固后的状态图

20-锚杆；21-锚固剂；22-垫板；23-螺母

　　另外，作者及其团队还提出了两种实现锚杆孔底部扩孔的方法和装置。

第一种是"矿用锚杆孔内部扩孔器"。该方法利用液压动力驱动的原理将锚杆孔孔壁或孔底进行扩孔并使所扩孔呈倒圆锥形的装置，可以实现刀具的主动伸出与回收。能够实现在巷道锚固支护过程中对锚杆锚固力的提高，从而提高锚杆锚固性，解决锚杆滑移失稳问题，最终实现矿井安全高效支护，提高矿井安全生产水平。

该方法采用如下技术方案"矿用锚杆孔内部扩孔器"装置包括扩孔刀具、套管、推拉杆、钻机连接轴和手动液压千斤顶，推拉杆同轴向设置在套管内，假定套管和推拉杆均沿前后方向水平设置，扩孔刀具后端连接在推拉杆前端，套管前侧开设有两条均沿套管轴向方向中心对称的长孔，套管前端设置有用于驱动扩孔刀具伸出长孔径向张开的顶压结构，套管后端同轴向固定连接有内径大于套管的导筒，导筒后端同轴向固定连接有安装筒，手动液压千斤顶固定设置在安装筒内，但是手动液压千斤顶的动力按压输入组件和液压回油手柄两个部件在安装筒的外部，动力按压输入组件的动力驱动端套设有加力杆，推拉杆后端伸入导筒内，推拉杆后端固定连接有与导筒圆周内壁滑动密封配合的活塞板，手动液压千斤顶的活塞杆与活塞板的后侧由连接，导筒内壁沿轴线方向开设有两道导槽，活塞杆外圆周上连接有伸入并滑动密封在导槽内的导块，钻机连接轴前端与安装筒后端同轴向固定连接，钻机连接轴外圆周设置有外螺纹结构，套管内壁固定设置至少两个均套设在推拉杆外的导套，推拉杆的外径与导套的内径相等。

该方法的顶压结构与"减少锚杆支护滑移失稳的栽植锚杆方法"的相同，此处不再赘述。

其中一个导套设置在长孔后侧，另一个导套设置在导筒前侧。

采用该方法时，首先把钻机连接轴与钻机的动力输出轴螺纹连接。其次将套管推入事先打好的锚杆孔内，按压加力杆，驱动动力按压输入组件，手动液压千斤顶的活塞杆向前伸出，推动活塞板沿导筒内壁向前移动，同时导块在导槽内向前滑动，推拉杆在导套内滑动前移，推拉杆前端铰接的第一扩孔刀片和第二扩孔刀片向前移动。由于套管不动，随着第一扩孔刀片和第二扩孔刀片向前移动，套管前端的顶锥将第一扩孔刀片和第二扩孔刀片顶开并伸出两个长孔，第一扩孔刀片和第二扩孔刀片切入煤岩层。再次，取下加力杆，启动钻机，带动钻机连接轴高速旋转，钻机连接轴依次通过安装筒、导筒带动套管旋转，由于导块和导槽的配合及第一扩孔刀片和第二扩孔刀片分别对应于一条长孔的配合，这样在套管和安装筒旋转时，可以同时驱动推拉杆旋转，推拉杆前端的第一扩孔刀片和第二扩孔刀片随之旋转，第一扩孔刀片和第二扩孔刀片上的金刚石刀齿将钻孔底部扩成一个圆锥形槽。在岩层过硬情况下，可先将推拉杆向前压到阻力较大时便开动钻机扩孔，然后停止钻机的转动，再安装上加力杆并按压加力杆，活塞杆伸长使第一扩孔刀片和第二扩孔刀片继续张开，重复此过程两到三次即可实现扩孔。最后停止钻机,操控液压回油手柄使活塞杆回缩,将第一扩孔刀片和第二扩孔刀片在扭簧作用下沿长孔缩回套管内,拔出套管即可完成扩孔作业的工作。

该方法中的扭簧所起的作用与"减少锚杆支护滑移失稳的栽植锚杆方法"中扭簧的作用相同,此处不再赘述。

导块和导槽的配合及第一扩孔刀片和第二扩孔刀片分别对应了一条长孔的配合可起到传递扭矩的作用,可使套管、第一扩孔刀片和第二扩孔刀片同时旋转。

综上所述,该方法提供了一种利用液压驱动原理将锚杆孔孔壁或孔底进行扩孔的钻杆,该方法操作简单,成本较低,扩孔性能稳定,刀具能够主动张开并有效回收。能够有效解决锚杆与孔壁之间的滑移失稳造成的锚杆失效问题,能够改善矿井安全形势,提高矿井生产效率,对矿井实现安全高效开采与支护具有重要意义。

第二种是"注液式矿用钻头式扩孔器"。经试验研究,对锚固孔的孔底进行扩孔是解决锚杆滑移失稳问题的手段之一,这样可使锚杆通过注入锚固剂与锚固孔孔壁锚固牢靠,但目前尚未有专门对锚固孔在钻孔的同时对孔底进行扩孔的装置。

"注液式矿用钻头式扩孔器"利用改变液压动力和利用扩孔机械的特性完成锚杆钻孔扩孔操作,扩出的孔为圆锥孔,改变了锚杆在一般圆柱孔内受力较弱的状态,增加了锚杆的锚固力,有效解决了锚杆与围岩的滑移失稳问题,对井下安全作业有重要意义。

"注液式矿用钻头式扩孔器"装置包括钻扩孔杆、钻孔刀具和扩孔刀具,钻扩孔杆的中心线沿前后方向设置,钻扩孔杆前端同轴向开设有前端敞口且呈圆柱形的高压水腔,钻扩孔杆内沿中心线方向开设有注水孔,注水孔的前端与高压水腔连通,钻孔刀具的后端滑动连接在高压水腔内,沿钻扩孔杆的前端面的圆周方向均匀设置有若干个扩孔刀具,扩孔刀具的前部内侧与扩孔刀具的圆锥表面顶压配合。

钻孔刀具的外形为前粗后细呈圆锥形结构,钻孔刀具前端面均匀设置有若干个第一金刚石刀头,钻孔刀具内部沿垂直方向设置有通水孔,钻孔刀具后端设置有滑动连接在高压水腔内壁的滑座,高压水腔内壁沿轴向方向设置有花键槽,滑座外圆周均匀设置有与花键槽滑动配合的花键,高压水腔内壁的前部固定设置有限定滑座位置的环形挡圈。

扩孔刀具的内侧面均匀设置有若干个第二金刚石刀头,每个扩孔刀具的前端均通过销轴铰接在钻扩孔杆前端,销轴平行于钻扩孔杆的切线方向,扩孔刀具的后端内侧设置有位于扩孔刀具和钻孔刀具之间的凸块,凸块后侧与环形挡圈之间设置有拉伸弹簧,在拉伸弹簧的作用下,以销轴的铰接点为支撑点,凸块内侧下部与钻孔刀具的圆锥面顶压配合。

注水孔前端与高压水腔后端之间通过前大后小的喇叭口过渡,喇叭口起到减小水流阻力，并使水压能对滑座后侧面压力保持均匀的作用。

采用上述技术方案时，平时扩孔刀具在拉伸弹簧的作用下处于收缩状态，扩孔刀具的前端内侧与钻孔刀具的前部外圆周接触。工作时，将钻扩孔杆的后端安装在钻杆前端，高压水通过钻杆内部的水孔进入钻扩孔杆内部的注水孔，水经过喇叭口后，水压会减小，从而充满高压水腔。钻孔刀具内的通水孔的直径相对于高压水腔的直径要小得多，因此高压水会将钻孔刀具的滑座向前顶，从而使钻孔刀具向前伸长，又由于环形挡圈的阻挡，钻孔刀具的滑座不至于脱离高压水腔。由于钻孔刀具的外圆周是前粗后细的圆锥体结构，在拉伸弹簧的作用下，钻孔刀具的外圆周面与凸块的内端下部始终保持顶压接触，随着钻孔刀具向前移动，凸块以销轴为中心线向后转动，扩孔刀具也以销轴为中心线向内旋转，在钻孔过程中扩孔刀具的旋转直径始终小于钻孔刀具的旋转直径；与此同时，钻机驱动钻杆和钻扩孔杆高速旋转，钻扩孔杆通过花键与花键槽的配合带动钻孔刀具旋转，钻孔刀具前端的第一金刚石刀头对巷道壁进行钻孔。当钻到一定深度需要扩孔时，逐渐减小水压使钻孔刀具的滑座沿高压水腔向后移动，钻孔刀具也向后移动，钻孔刀具的圆锥面会驱动扩孔刀具下端内侧设置的凸块以销轴为中心线向前转动，拉伸弹簧进一步被拉伸，扩孔刀具也以销轴为中心线向外旋转，扩孔刀具的旋转直径逐渐增大。

由于在钻孔时工人会主动向前推钻机，在水压减小后，钻孔刀具会下降到高压水腔的最后部，这时扩孔刀具张开到最大，扩孔直径也达到最大，这样就将钻孔进一步扩孔。需要退出钻杆时，只需要再加大水压，水压驱动滑座在高压水腔内向前移动，钻孔刀具也向前移动，凸块与钻孔刀具外圆锥面接触处的外径逐渐减小，凸块在拉伸弹簧的作用下，以销轴为中心线向后转动，扩孔刀具也以销轴为中心线向内旋转，扩孔刀具的旋转直径逐渐减小，直到扩孔刀具的旋转直径小于等于钻孔刀具的最大钻孔直径后，向后拉动钻杆和扩孔器，一起退出钻孔。

该方法中凸块与钻孔刀具外圆锥面的顶压配合是关键点，确保钻孔刀具向后移动时驱动凸块向前转动，同时拉伸弹簧进一步被拉伸。

该方法中的高压水腔内壁沿轴向方向设置有花键槽，滑座外圆周均匀设置有与花键槽滑动配合的花键，这样既起到轴向滑动配合的作用，又可起到钻杆转动带动钻孔刀具转动的作用。

综上所述，该方法采用调节水压的方式分别进行钻孔和扩孔作业，并且水流还具有将钻孔过程中的煤屑和岩屑从钻孔壁与钻扩孔杆之间的环形间隙排出的作用。本发明具有结构简单、操作方便、体积小、质量轻、技术灵活可靠、钻孔和扩孔动力来源统一、扩孔稳定、刀具易回收、可实现边钻边扩的优点，大大提高了锚杆锚固的牢靠性，可确保工人在井下作业的安全性。

具体实施方式如图 4-6～图 4-9 所示。

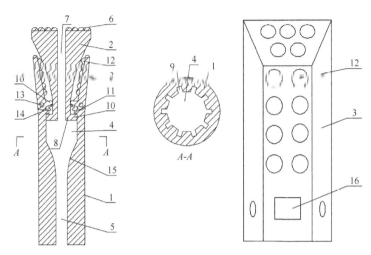

图 4-6 "注液式矿用钻头式扩孔器"结构示意图

1-扩孔杆；2-钻孔刀具；3-扩孔刀具；4-高压水腔；5-注水孔；6-第一金刚石刀头；7-通水孔；8-滑座；
9-花键槽；10-花键；11-环形挡圈；12-第二金刚石刀头；13-销轴；14-拉伸弹簧；15-喇叭口；16-凸块

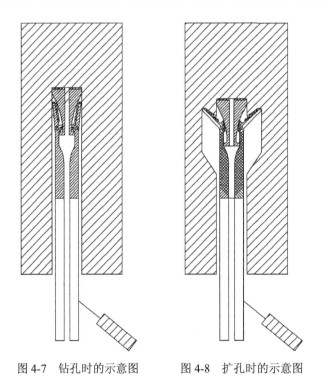

图 4-7 钻孔时的示意图 　　图 4-8 扩孔时的示意图

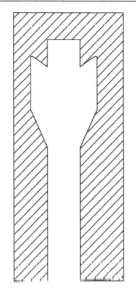

图 4-9 钻杆和扩孔器退出后钻扩孔的示意图

应该说，上述成果的获得为现场放顶煤工作面平巷支护打下了坚实的基础，相信在作者及其团队成员的共同努力下，放顶煤工作面平巷软煤（岩）锚杆孔底部扩孔充填支护的关键技术及方法将在现场进行推广应用。

参 考 文 献

[1] 康红普. 我国煤矿巷道锚杆支护技术发展 60 年及展望[J]. 中国矿业大学学报, 2016, 45(6): 1071-1081.

[2] Kang H P. Support technologies for deep and complex roadways in underground coal mining: a review[J]. International Journal of Coal Science & technology, 2014, 1(3): 261-277.

[3] 何满潮, 景海河, 孙晓明. 软岩工程力学[M]. 北京: 科学出版社, 2002.

[4] 刘泉声, 卢超波, 刘滨, 等. 深部巷道注浆加固浆液扩散机理与应用研究[J]. 采矿与安全工程学报, 2014, 31(3): 333-339.

[5] 王沉, 屠世浩, 李召鑫, 等. 深部"三软"煤层回采巷道断面优化研究[J]. 中国矿业大学学报, 2015, 44(1): 9-15.

[6] 杨建平, 陈卫忠, 郑希红. 含软弱夹层深部软岩巷道稳定性研究[J]. 岩土力学, 2008, 29(10): 2864-2870.

[7] 孙闯, 张向东, 李永靖. 高应力软岩巷道围岩与支护结构相互作用分析[J]. 岩土力学, 2013, 34(9): 2601-2607.

[8] 杨晓杰, 庞杰文, 张保童, 等. 回风石门软岩巷道变形破坏机理及其支护对策[J]. 煤炭学报, 2014, 39(6): 1000-1008.

[9] 煤炭科学研究总院北京开采所. 地下开采现代技术理论与实践[M]. 北京: 煤炭工业出版社, 2002.

[10] 陆士良, 汤雷, 杨新安. 锚杆锚固力与锚固技术[M]. 北京: 煤炭工业出版社, 1998.

[11] Signer S P. Field verification of load transfer mechanics of fully grouted roof bolts[R]. Department of the Interior Bureau of Mines RI9301, Spokane, 1990.

[12] 朱焕春, 荣冠. 张拉荷载全长黏结锚杆工作机理试验研究[J]. 岩石力学与工程学报, 2002, 21(3): 379-384.

[13] 康红普. 煤巷锚杆支护成套技术研究与实践[J]. 岩石力学与工程学报, 2005, (21): 161-166.

[14] 康红普, 王金华, 林健. 煤矿巷道锚杆支护应用实例分析[J]. 岩石力学与工程学报, 2010, 29(4): 649-664.

[15] 勾攀峰. 巷道锚杆支护提高围岩强度和稳定性研究[D]. 徐州: 中国矿业大学, 1998.

[16] 康红普, 王金华, 等. 煤巷锚杆支护理论与成套技术[M]. 北京: 煤炭工业出版社, 2007.

[17] 何满潮, 景海河. 中国煤矿锚杆支护理论与实践[M]. 北京: 科学出版社, 2004.

[18] 何满潮, 孙晓明. 中国煤矿软岩巷道工程支护设计与施工指南[M]. 北京: 科学出版社, 2004.

[19] 蔡美峰. 岩石力学与工程[M]. 北京: 科学出版社, 2002.

[20] 于学馥, 郑颖人, 刘怀恒, 等. 地下工程围岩稳定分析[M]. 北京: 煤炭工业出版社, 1983.

[21] 李晓红. 隧道新奥法及其量测技术[M]. 北京: 科学出版社, 2002.

[22] Rabcewicz L V. The new Austrian tunneling method[J]. Water Power, 1965, (4): 19-24.

[23] 赖应得. 能量支护学[M]. 北京: 煤炭工业出版社, 2010.

[24] 陈宗基, 傅冰骏. 应力释放对开挖工程稳定性的重要影响[J]. 岩石力学与工程学报, 1992, (1): 1-10.

[25] 于学馥, 乔端. 轴变论和围岩稳定轴比三规律[J]. 有色金属, 1981, (3): 8-15.

[26] 文竞舟, 杨春雷, 粟海涛, 等. 软弱破碎围岩隧道锚喷钢架联合支护的复合拱理论及应用研究[J]. 土木工程学报, 2015, (5): 115-122.

[27] 朱浮声, 郑雨天. 关于巷道锚喷加固设计[J]. 矿山压力与顶板管理, 1995, (Z1): 132-134.

[28] 董方庭. 巷道围岩松动圈支护理论及应用技术[M]. 北京: 煤炭工业出版社, 2001.

[29] 孟德军. 杨庄矿软岩巷道钢管混凝土支架支护理论与技术研究[D]. 北京: 中国矿业大学(北京), 2013.

[30] 康红普. 巷道围岩的承载圈分析[J]. 岩土力学, 1996, (4): 84-89.

[31] 杨明, 华心祝, 毛永江. 高膨胀性软岩巷道支护技术[J]. 煤矿安全, 2014, 45(12): 89-91,95.

[32] 薛维培, 经纬. 高应力软岩巷道支护技术研究[J]. 煤炭技术, 2014, 33(9): 112-114.

[33] 卢鹏程, 杨建辉. 巷道节理化软岩特征曲线数值模拟与锚注加固[J]. 煤炭科学技术, 2010, 38(5): 17-19,23.

[34] 李东雷. 复合型软岩巷道支护技术研究[J]. 煤炭与化工, 2014, (8): 4-6.

[35] 靖洪文. 深部巷道大松动圈围岩位移分析及应用[M]. 徐州: 中国矿业大学出版社, 2001.

[36] Kalman K. History of the sprayed concrete lining method-part Ⅰ and Ⅱ: milestones up to the 1960s[J]. Tunneling and Underground Space Technology, 2003, 18(1): 57-69.

[37] 耿卫红, 罗春华. 岩土锚固工程技术及其应用[J]. 探矿工程, 1997, (4): 8-10.

[38] 张农, 高明仕. 煤巷高强预应力锚杆支护技术与应用[J]. 中国矿业大学学报, 2004, (5): 524-527.

[39] 张农. 软岩巷道滞后注浆围岩控制研究[D]. 徐州: 中国矿业大学, 1999.

[40] Zhang N, Wang C, Zhao Y M. Rapid development of coalmine bolting in China[C]. The 6th International Conference on Mining Science & Technology, Xuzhou, 2009.

[41] 李桂臣. 软弱夹层顶板巷道围岩稳定及安全控制研究[D]. 徐州: 中国矿业大学, 2008.

[42] 何满潮, 景海河, 孙晓明. 软岩工程地质力学研究进展[J]. 工程地质学报, 2000, 8(1): 46-62.

[43] 王祥秋, 杨林德, 高文华. 软弱围岩蠕变损伤机理及合理支护时间的反演分析[J]. 岩石力学与工程学报, 2004, 23(5): 793-796.

[44] 侯朝炯, 勾攀峰. 巷道锚杆支护围岩强度强化机理研究[J]. 岩石力学与工程学报, 2000, 19(3): 342-345.

[45] 陈庆敏, 郭颂, 张农. 煤巷锚杆支护新理论与设计方法[J]. 矿山压力与顶板管理, 2002, (1): 12-15.

[46] 康红普, 崔千里, 胡滨, 等. 树脂锚杆锚固性能及影响因素分析[J]. 煤炭学报, 2014, 39(1): 1-10.

[47] Freeman T J. The behaviour of fully-bonded rock bolts in the Kielder experimental tunnel[J]. Tunnels & Tunnelling International, 1978, 10(5): 37-40.

[48] Björnfot F, Stephansson O. Interaction of grouted rock bolts and hard rock masses at variable loading in a test drift of the Kiirunavaara Mine, Sweden[C]. Proceedings of the International Symposium on Rock Bolting, Rotterdam, 1984.

[49] Tao Z, Chen J X. Behavior of rock bolting as tunneling support[C]. Proceedings of the International Symposium on Rock Bolting, Rotterdam, 1984.

[50] James R W. Strength of epoxy-grouted anchor bolts in concrete[J]. Journal of Structural Engineering, 1987, 113(12): 2365-2381.

[51] Selvadurai A P S. Some results concerning the viscoelastic relaxation of prestress in a surface rock anchor[J]. International Journal of Rock Mechanics and Mining Sciences & Geomechanics Abstracts, 1979, 16(5): 309-317.

[52] 王明恕. 全长锚固锚杆机理的探讨[J]. 煤炭学报, 1983, 8(1): 40-47.

[53] 杨更社, 何唐铺. 全长锚固锚杆的托板效应[J]. 岩石力学与工程学报, 1991, 10(3): 7-8.

[54] 高谦, 任天贵. 带垫板全长锚杆和加钢筋条带的锚喷支护理论分析研究[J]. 煤炭学报, 1994, 19(5): 550-556.

[55] 杨绿刚. 防水树脂锚固剂的试验研究[J]. 煤矿安全, 2008, 39(3): 11-13.

[56] Karanam U M R, Dasyapu S K. Experimental and numerical investigations of stresses in a fully grouted rock bolts[J]. Geotechni-cal and Geological Engineering, 2005, 23(3): 297-308.

[57] Kilic A, Yasar E, Celik A G. Effect of grout properties on the pull-out load capacity of fully grouted rock bolt[J]. Tunnelling and Underground Space Technology, 2002, 17(4): 355-362.

[58] Kilic A, Yasar E, Atis C. Effect of bar shape on the pullout capability of fully grouted rockbolts[J]. Tunnelling and Underground Space Technology, 2003, 18(1): 1-6.

[59] 崔千里. 树脂锚杆锚固性能及影响因素研究[D]. 北京: 煤炭科学研究总院, 2010.

[60] 胡滨. 全长预应力锚杆树脂锚固剂力学性能研究[D]. 北京: 煤炭科学研究总院, 2011.

[61] 勾攀峰, 陈启永, 张盛. 钻孔淋水对树脂锚杆锚固力的影响分析[J]. 煤炭学报, 2004, 29(6): 680-683.

[62] 胡滨, 康红普, 林健, 等. 风水沟矿软岩巷道顶板砂岩含水可锚性试验研究[J]. 煤矿开采, 2011, 16(1): 67-70.

[63] 张盛, 勾攀峰, 樊鸿. 水和温度对树脂锚杆锚固力的影响[J]. 东南大学学报(自然科学版), 2005, 35(S1): 49-54.

[64] 胡滨, 康红普, 林健, 等. 温度对树脂锚杆锚固性能影响研究[J]. 采矿与安全工程学报, 2012, 29(5): 644-649.

[65] 张丽君, 王德龙, 毛军. 土层扩大头锚杆扩孔钻具的研制[J]. 探矿工程(岩土钻掘工程), 2013, 40(3): 54-56,65.

[66] 张慧乐, 刘钟, 赵琰飞. 拉力型扩体锚杆抗拔模型试验研究[J]. 工业建筑, 2011, 41(2): 49-52.

[67] 杜泽生, 王晓勇, 张栋, 等. 高压水射流扩孔技术在丁集矿的应用[J]. 煤矿安全, 2010, (10): 26-28.

[68] 陆观宏, 莫海鸿, 倪光乐. 一种新型锚杆扩孔技术[J]. 岩土工程界, 2005, 8(12): 45-47.

[69] 丁文正, 荣振, 曹生, 等. 微台阶扩孔技术在玄武岩地层中的应用[J]. 石油机械, 2007, 35(11): 52-54,82.

[70] 黄清和, 邹燕红. 定位扩孔技术在抗拔锚杆中的应用[J]. 探矿工程(岩土钻掘工程), 2000, (S1): 46-48.

[71] 刘克林, 张志思, 王晓琴. 局部扩径双翼扩孔钻头的研制[J]. 探矿工程(岩土钻掘工程), 2014, 41(3): 48-51.

[72] 刘少伟, 李文彬, 张辉. 煤矿巷道正楔形锚固孔锚固性能与参数优化研究[J]. 煤炭科学技术, 2018, 46(1): 53-60.

[73] 张辉, 程利兴. 松软煤层锚固孔底扩孔锚固机理及锚固性能研究[J]. 煤炭科学技术, 2016, 44(3): 18-21.

5 放顶煤开采煤炭自燃及防治

煤炭自燃是我国煤矿的主要灾害之一,在全国重点煤矿中,存在自燃发火倾向性的矿井占 50%以上,并且绝大多数矿井自然发火期处在 3 个月以内,每年造成自燃发火灾害数百起,形成火灾隐患 3000 次以上[1]。在新疆地区,属于急倾斜易自燃煤层的煤矿有 100 多个,约占新疆煤矿总数的 30%,其年产量近 1000 万 t,约占新疆全年煤炭产量的 40%[2]。

5.1 煤炭自燃防治的理论基础

5.1.1 煤炭自燃机理

煤为什么能够自燃?由于煤并非一个均质体,其品种多样,化学结构、物理性质、煤岩成分、赋存状态、地质条件均有很大差别,其自燃原因与过程必然是一个相当复杂的问题。目前比较为人们所认可的煤炭自燃学说是煤氧复合学说,认为煤炭具有吸附空气中氧气的特性,包括表面吸附及化学吸附,吸附过程中还伴随有煤与氧气的化学反应,产生相当的热量从而导致煤自燃。有的学者通过实验证明,单纯的表面吸附产生的热效应虽然微不足道,但在化学吸附过程中,煤氧发生化学反应,生成的热量足以导致煤自燃。

5.1.2 煤炭自燃条件

矿井火灾中,自燃火灾约占 70%,一直是矿井防灭火工作中的治理重点,也是人们研究矿井火灾的重要方向。

煤炭自燃必须具备的必要充分条件是:

(1)具有低温氧化特性,即自燃倾向性。

(2)被开采后的煤呈破碎状态堆积。煤破碎后接触氧气的表面积增大,吸氧量(Vd)增多,氧化能力大大增强,易产生大量的热。

(3)有较好的蓄热条件,生成的热量难以及时放散。

(4)有适量的通风供氧,维持煤的氧化过程不断地发展。通风是维持较高氧浓度的必要条件,是保证氧化反应自动加速的前提。实验表明,氧浓度>15%时,煤炭氧化方可较快进行。

上述 4 个条件缺一不可,其中第一个条件是形成自燃火灾的内在因素,人很难控制,而后三个条件则是外在因素,可人为控制,也是预防自燃火灾发生的基本出发点。值得注意的是，自燃的发生要满足上述 4 个条件共存的时间大于煤的自然发火期。因此，只要工作面推进的速度足够快，保证采空区内氧化带进入窒息带的时间小于煤的最短自然发火期，自燃就能得到有效控制。因此，采取提高工作面推进速度，配合其他有效自燃防治措施仍然是矿山企业最常见的自燃防治方案。但是，工作面推进速度与采煤方法、采煤工艺、煤层赋存条件、地质条件、顶板管理等因素有关，同时受到采空区漏风量大小等环境因素的影响，使得工作面推进速度很难足够快，因此，该方法在使用过程中存在一定的风险性。

5.1.3　影响煤层自燃发火的因素

煤炭的自燃倾向性是煤层发生自燃的基本条件和内在属性，然而在现实生产中经常可见这样一种情况，即一个矿井或煤层的发火危险程度和情况并不完全取决于煤的自燃倾向性，还要受到煤层地质赋存条件，开拓条件、开采条件和通风条件等的影响。为此，煤炭自燃的难易程度一般使用自然发火期表示，反映煤炭自燃内在属性和外部条件的综合影响。煤层自然发火期的确定常常由现场取样后在实验室通过实验方式获得，方法简单，但由于真实的煤层自然发火期受到外部条件的影响，而实验室很难模拟煤层自燃的真实条件。实验结果能模拟出各类条件对自然发火期的综合相对影响，具有一定的参考意义。影响煤层自燃的因素主要如下所述。

1) 煤的自燃倾向性

试验证明，低温氧化性能强的煤炭自燃倾向性较大。例如，新疆准南东煤矿开采的 A4 煤层属于容易自燃煤层，在矿井的开采史中，所发生的大部分自燃火灾都是在 A4 煤层的采面和采空区中。根据《新疆吐哈煤田哈密市大南湖东二 B 勘查区勘探报告》，区内煤层煤的吸氧量为 0.55~0.99cm^3/g，自燃倾向性分类等级为 I 级（容易自燃）～II 级（自燃）。

具有自燃倾向性的煤层，只要存在着有利于煤炭氧化进程发展的时间和热量积蓄的条件与环境，自燃现象便会发生。所谓氧化与蓄热的条件和环境，实际上是由矿井开拓、开采、通风等多个方面的失误所构成。在实际生产中常见在同一矿井的同一煤层中，采用了不适当的开采方法、不合理的通风系统造成自燃倾向性不大的煤炭发生自燃。相反，也有自燃倾向性强的煤不发生自燃的情况。煤的自燃倾向性主要受下列因素影响：

(1) 煤的分子结构。研究表明，煤的氧化能力主要取决于含氧官能团的多少和分子结构的疏密程度。随煤化程度增高，煤中含氧官能团减少，孔隙度减小，分子结构变得紧密。

(2) 煤化程度。煤化程度是影响煤炭自燃倾向性的决定性因素。就整体而言，煤的自燃倾向性随煤化程度的增高而减小，即从褐煤、长焰煤、烟煤、焦煤至无烟煤，自燃倾向性逐渐减小；局部而言，煤层的自燃倾向性与煤化程度之间表现出复杂的关系，即同一煤化程度的煤在不同地区和不同矿井，其自燃倾向性可能有较大的差异。

(3)煤岩成分。煤岩成分对煤的自燃倾向性表现出一定的影响，但不是决定性因素。各种单一的煤岩成分具有不同的氧化活性，其氧化能力依次为镜煤＞亮煤＞暗煤＞丝煤。

(4)煤中的瓦斯含量。煤中瓦斯的存在和放散影响吸氧和氧化过程的进行，它类似用惰性气体稀释空气对氧化发生产生影响。

(5)水分。煤的外在和内在水分及空气中的水蒸气对褐煤和烟煤在低温氧化阶段起一定的影响，既有加速氧化的一面，也有阻滞氧化的一面。

(6)煤中硫和其他矿物质。煤中含有的硫和其他催化剂会加速煤的氧化过程。统计资料表明，含硫大于3%的煤层均为自燃发火的煤层，其中包括无烟煤。例如，位于新疆维吾尔自治区昌吉回族自治州某矿区的主采煤层属特低硫-中硫煤，其硫分含量介于0.28%～1.75%，自燃发火煤层占85%以上[3]。

2) 煤层的地质赋存条件

(1)倾角。在新疆近400个煤矿中，急倾斜开采的煤矿有100多个，急倾斜煤层采空区不易完全封闭，漏风通道多，极易导致采空区遗煤自燃。据统计，苏联库兹涅茨矿区75%的自燃火灾发生在倾角为45°～90°的煤层中，鲁尔矿区81.5%的自燃火灾发生在倾角为36°～90°的煤层。新疆准南东煤矿W1141综采工作面所采煤(岩)层走向近东西，倾向由南向北倾斜，倾角为45°，易发生采空区自燃。

(2)煤层厚度。据统计，80%的自燃火灾是发生在厚煤层开采中。新疆地区以侏罗纪煤层为主，煤层层数相对较多，厚度一般较大。例如，吉仁台煤矿主采煤层平均厚度在8m左右，最大达52m，结构简单，煤层自燃有一定规模[4]。厚煤层容易自燃发火的原因在于煤难以全部采出，遗留大量浮煤与残柱，过长的回采时间大大超过了煤层自然发火期。

(3)地质构造。地质构造包括断层、褶曲、破碎带、岩浆入侵地区，这些地区自燃发火频繁，自燃危险性加剧，主要是煤层受张拉、挤压，产生大量裂隙，煤体破碎吸氧条件好、氧化性能高所造成。四川芙蓉煤矿统计，其巷道自燃火灾发生在断层附近者占52%。

(4)开采深度。煤层赋存太深或太浅都会增加自燃发火的危险性。处于地表的煤层露头较易发生氧化作用。例如，位于新疆维吾尔自治区昌吉回族自治州的某井田地层属北天山地层分区吉木萨尔地层小区，地层倾角较大，一般大于45°，地层出露较好，煤自燃现象普遍存在。

3) 开拓、开采条件

开拓、开采条件对自燃发火的影响主要表现在以下几个方面。

(1)矿井开拓方式和采区巷道布置既决定了保护煤柱的数量及其大小，又决定了所留煤柱的受压与碎裂程度，既决定了可燃物的分布和集中情况，又决定了向这些可燃物供风的时间。石门、岩巷开拓少切割煤层，少留煤柱，自燃发火的危险性小。厚煤层开采岩巷进入采区，便于打钻注浆，有利于实现预防性灌浆。

(2)回采方法和回采工艺是通过决定回收率和工作面推进速度来影响自燃发火的。

采煤方法对自燃发火的影响主要表现在煤炭回收率的高低和回采时间的长短上。丢煤越多的采煤方法越易引起自燃发火，落垛式的旧采煤法自不待言，长壁式采煤法留煤皮假顶、留刀柱支撑顶板，以及回收率较低的放顶煤开采均不利于防止自燃火灾的发生。若一个采区或工作面回采速度慢，拖的时间长，大大超过了煤层自然发火期，很难控制自燃火灾的发生。

4) 通风条件

通风因素的影响主要表现为采空区、煤柱和煤壁裂隙漏风。漏风就是向这些地点供氧，促进煤的氧化自燃。采空区面积大，尽管漏风量相当可观，但风速有限，散热作用低，所以在浮煤大量堆积的地点两巷(工作面进风巷和回风巷)两线(工作面开切眼和停采线)和工作面遇断层、变薄带拐弯的地方最易发生自燃。漏风大小和范围取决于漏风风路的风阻与两端的压差。

新疆地区小煤矿普遍存在着巷道转弯较急，巷道断面不规则，局部通风阻力较大，工作面漏风严重的现象。大部分急倾斜煤层的矿井工作面漏风率均大于缓倾斜煤层，工作面漏风率最高达到14.18%，而漏风严重是煤层自燃等矿井灾害的主要诱因。

在煤炭氧化过程的热平衡关系中，漏风起两方面的作用：一方面是向煤提供氧化所必需的氧气，促进氧化过程发展；另一方面是带走氧化生成的热量，降低煤温，抑制氧化过程发展。采空区及煤柱的漏风强度在 $0.1\sim0.24\text{m}^3/(\text{min}\cdot\text{m}^2)$ 时容易自燃发火。有些学者认为不会导致自燃的极限风速低于 $0.02\sim0.05\text{m}^3/(\text{min}\cdot\text{m}^2)$；封闭采空区密闭墙漏风压差在 300Pa、漏风强度在 $0.02\sim1.2\text{m}^3/(\text{min}\cdot\text{m}^2)$ 时容易自燃发火。把风速控制在易燃风速区之外，是从通风的角度预防自燃发火的原则。

5.2　急倾斜煤层自燃火灾的预防

矿井自燃火灾的预防措施涉及煤矿生产的各个环节：一是从开采技术、通风技术和特殊防治措施出发，减少自燃发火隐患，预防煤炭自燃；二是掌握自燃发火预兆，及时进行发火预测预报，把自燃发火消灭在"萌芽"阶段；三是对采掘生产过程中遗留下的各种发火隐患要及时处理，如加强"三道"维修，加强对废旧巷处理，及时充填煤巷，及时处理高温火点等。

5.2.1　煤的自燃过程及其特点

根据煤的自燃原理和条件，煤炭自燃是氧化过程自身加速发展的结果。煤炭在常温下能吸附空气中的氧气而发生氧化作用产生热量，如果产生的热量不能很好地散发并继续积聚，当温度上升达到煤的着火温度时，就会引起煤炭自燃。煤炭自燃的发展过程，按其温度和物理化学变化特征，大体上可以划分为潜伏（或准备）、自热、燃烧和熄灭 4 个阶段，如图 5-1 所示。

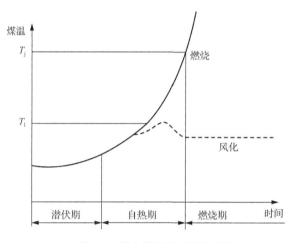

图 5-1　煤自燃发展过程示意图

1）潜伏（自燃准备）阶段

具有自燃倾向性的煤炭与空气接触时，在低温情况下就能吸附空气中的氧气而生成不稳定的氧化物，放出少量的热，并能将热及时放散出去，因此，该阶段既观测不到煤体温度的变化，也观测不到其周围环境温度的上升。煤的氧化进程平稳而缓慢，仅煤的质量略有增加，氧化过程较为隐蔽，不易观察到外部特征，因此该阶段通常称为潜伏阶段，也称煤的自燃准备期。在潜伏期，煤与氧气的作用是以物理吸附为主，放热很少，无宏观效应；经过潜伏期后煤的燃点降低，表面颜色变暗。潜伏期的长短取决于煤的分子结构、物化性质。煤的破碎和堆积状态、散热和通风供氧条件等对潜伏期的长短也有一定影响，改善这些条件可以延长潜伏期。

2）自热阶段

经过潜伏期之后，煤的氧化速度加快，不稳定的氧化物分解成 H_2O、CO_2、CO。氧化产生的热量使煤温继续升高，超过自热的临界温度（60～80℃），煤温上升急剧加速。氧化进程加快，开始出现煤的干馏，生成芳香族的碳氢化合物（C_mH_n）、H_2、CO 等可燃性气体，这就是煤的自热阶段。自热过程是煤氧化反应自动加速、氧化生成热量逐渐积累、温度自动升高的过程。其特点是：①氧化放热较多，煤温及其环境(风、水、煤壁)温度升高；②产生 CO、CO_2 和 C_mH_n 气体产物，并散发出煤油味和其他芳香气味；③有水蒸气生成，火源附近出现雾气，其遇冷会在巷道壁面上凝结成水珠，即出现所谓的"挂汗"现象；④微观构发生变化。

在自热阶段，若改变散热条件，使散热大于生热；或限制供风，使氧浓度降低至不能满足氧化需要，则自热的煤温度降低到常温，称之为风化。自燃倾向性较弱的煤炭在氧化进程中常常会出现风化现象，风化后煤的物理化学性质发生变化，失去活性，一般不会再发生自燃。如图 5-1 中虚线所示。

自热期的发展也有可能使煤温上升到着火点温度而导致自燃。煤的着火点温度由于煤种不同而不同，无烟煤为 400℃，烟煤为 320～380℃，褐煤为 270～350℃。

3) 燃烧阶段

进入燃烧阶段常常会出现一般的煤炭燃烧现象，如产生烟雾，生成 CO、CO_2 及碳氢化合物等各种可燃气体，出现明火等。若煤温达到自燃点，但供风不足，则只有烟雾而无明火，即为干馏或阴燃。煤炭干馏或阴燃与明火燃烧稍有不同，生成的 CO 多于 CO_2，温度也较明火燃烧要低。

4) 熄灭

若及时发现，采取有效的灭火措施，煤温降至燃点以下，则燃烧可熄灭。

5.2.2 煤炭自燃前常见的征兆

在《矿井防灭火规范》中规定出现下列现象之一，即为自燃发火：①煤因自燃出现明火、火炭或烟雾等现象；②煤炭自热而使煤体、围岩或空气温度升高至 70℃以上；③由于煤炭自热而分解出 CO、C_2H_4 或其他指标气体，其在空气中的浓度超过预报指标，并呈逐渐上升趋势。因此，煤炭自燃前的常见征兆一般可分为人体感知征兆和有害气体监测探知征兆。

1) 人体感知征兆

冒汽和"出汗"。煤层或煤堆发热后，会有水蒸气冒出来。当水蒸气凝聚在空气中，好似白茫茫的浓雾，在温度较低的巷壁和支架上会形成水珠，通常称为"出汗"。冒汽和"出汗"是煤炭自燃的最早征兆。

潮湿点和凝结物。这种现象主要见于煤炭堆。煤炭堆上出现的潮湿点在清晨容易被发现。这是煤炭发热产生的"渗出物"，经阳光照射后，潮湿点消失，但又会出现一层白色的矿物结晶或黄色的凝结物。

异样气味。煤炭在发热和自燃过程中，各种碳氢化合物会不断分解放出。稍加注意，便会闻到带着煤油、汽油、松节油或焦油等气味，这是煤炭自燃的先兆，如果自燃继续发展，气味将变成恶臭。

热气逼人。煤堆或煤层的内部自燃，在外表尚不能明显地看出。但热的辐射会使人感到热气逼人。

2)有害气体监测探知征兆

使用监测仪器分析和检测煤在自燃和可燃物在燃烧过程中释放出的烟气或其他有毒有害气体产物，提前给出自燃预兆，这些预兆常用作早期预报火灾的发生。这些气体一般要求能够反映煤炭自热或可燃物燃烧初期的特征，并且具备灵敏性、规律性和可测性等特性，常称为指标气体，常见的气体指标或复合指标有 CO 浓度、Graham 系数 I_{CO}、C_2H_4 浓度、C_2H_2 浓度、链烷比、烯炔比等。例如，新疆有色金属工业集团天池矿业有限责任公司大平滩煤矿通过煤程序升温氧化实验装置对不同煤层的自燃特性进行研究，认为 CO 与 C_2H_4 两种气体随煤自燃过程的变化规律较为明显，可作为判断预测井下煤自燃程度的指标之一，以此做出相应的防灭火措施，保证本矿煤炭的安全生产[5]。

值得指出的是，由于生产环境、取样方式、取样仪器、取样操作熟练程度和所采用数据分析方法的正确性的影响，利用单个指标气体进行自燃预测预报，结果并不一定可靠。1985 年在美国矿井曾发生过两次火警误报，在采空区取样分析时发现 C_2H_4。的确乙烯是燃烧的产物，但是，气样中发现乙烯也可能是气样采取或气相色谱分析操作不当的结果。煤类火灾的主要指标是 CO、H_2 和碳氢化合物如 C_2H_4、C_3H_6、C_2H_2 等。它们是按乙烯→丙烯→乙炔的顺序生成、释放，且其含量随温度的升高而增加。当温度异常时，首先出现 CO，随温度增高，出现 H_2，其次是 C_2H_4，再次是 C_3H_6，最后出现 C_2H_2 和其他气体。

5.2.3　自燃火灾危险源识别

自燃火灾主要发生在工作面停采线内、两巷附近浮煤、工作面采空区、煤柱及掘进巷道高冒区等，此类火灾发火隐蔽，不易发现，危害严重。根据统计资料得知，在浮煤、碎煤集中且通风不良的地方最容易发生煤的自燃现象。在开采煤层时，特别是在开采易于自燃的厚煤层时，大多数火灾(75%以上)是从下列地点开始发生的：

(1)在回采巷道中，特别是在那种遗留了部分未采出的、已经压碎了的煤柱和碎煤屑的、未经隔绝的旧采空地点中。

(2)在平巷之侧，在机电硐室、通风眼、溜煤眼等旁留下的保护煤柱中。在这些地方通常由于煤柱的尺寸不够，但又需要承受极大的压力，结果是经过一段时间之后煤柱上出现裂纹，逐渐破落，因而酿成火灾。

(3)有大量遗煤而又未及时封闭或封闭不严的采空区。特别是厚煤分层开采、高落式开采、急倾斜煤层开采及回收率低和丢失煤多的采空区。

(4)通风不良的乱采乱掘处、冒顶处。

(5)各种被压酥的煤柱内。

(6)巷道堆积的浮煤和冒顶垮帮处。

(7)与地面老窑连通处。

在进行煤炭自燃火灾危险源识别时,必须注意的是 CO 并不是一种很好的预报自燃和判断火区状态的火灾标志性气体。这是因为 CO 浓度可能因为燃烧(包括缓慢氧化)、环境条件(木材为真菌分解,湿煤吸收,为炭黑、焦炭吸附)、风量大小和取气样地点等的影响,造成判断失误。常见的校正技术是采用浓度差值法排除环境影响和采用浓度比值法排除风量变化的影响。

此外,在 CO 浓度检测取样时还需注意以下几点:

(1)根据工作面上隅角或者瓦斯抽放巷钻孔所取 CO 浓度判断火区火情时,需注意取样点 CO 浓度受到采空区内未经过火源的漏风稀释,取样位置的 CO 浓度会低于火源 CO 浓度。

(2)《煤矿安全规程》规定的 CO 浓度 24ppm[①]是 CO 作为井下有毒有害气体允许的最大健康标准限,而非安全标准限。2009 年 9 月 20 日,鹤岗富华煤矿发生自燃火灾,监控系统数据显示,在风量 1150m³/min 的回风流中,CO 浓度自 9 月初的 2ppm 逐渐上升到 9 月 14 日的 7ppm 并维持在 7ppm 左右,表明已出现自燃迹象,但未引起警惕,仍以 24ppm 作为标准衡量,失去了自燃预警的机会。该问题在我国许多煤矿中都存在,应以此次事故为教训。

(3)取气样时,必须注意取样点风流的流向,保证取样处是火区内的大气流流出处而不是外面空气流入处,以保证火区所取气样的准确性。特别是封闭火区内出现火风压大于火区内机械风压时,引起火区的回风巷密闭处漏入新鲜风,进风巷密闭漏出火区大气,导致所取气样不能真实反映火区状况,这些问题是造成火区燃烧状态判断失误,火区启封失败的重要原因。

5.2.4　煤炭自燃的防治措施

煤炭自燃发火的防治较为复杂,根据煤炭自燃发火的机理和条件,通常从开拓和开采方法、通风措施、介质法防灭火 3 个方面采取措施进行预防。

5.2.4.1　开采技术措施

生产实践表明,合理的开拓系统与开采方法对于防止自燃火灾的发生起着决定性的作用。国内不少矿区如甘肃的窑街矿区、黑龙江的鹤岗矿区、江苏的徐州矿区均有一些自燃发火相当严重的矿井通过改革不合理的开拓系统与采煤方法迅

① 1ppm=0.001%。

速扭转了火灾频频发生的被动局面。对于自燃发火严重的矿井,从防止自燃火灾角度出发,对开拓、开采的要求是:最小的煤层暴露面、最大的煤炭回收率、最快的回采速度和采空区易于隔绝。满足上述要求的措施有:

1) 采用岩石集中巷和岩石上山

在自燃危险程度较大的厚煤层或煤层群开采中,集中运输巷和回风巷、采区上山服务的时间都比较长久,一般在数年或数十年。如果将其布置在煤层里,一是要留下大量的护巷煤柱,二是煤层容易受到严重切割。其后果是增大了煤层与空气接触的暴露面积,煤柱容易受压碎裂,自燃发火概率必定增加。因此,为了防止自燃火灾,应尽可能采用集中岩巷和岩石上山。采区内尽量少开辅助性巷道,尽可能增加巷道间距,把主要巷道布置在较硬的岩石中,必须要在煤层中开凿主要巷道时,要选择不自燃或自燃危险性较小的煤层,采区内煤巷间的相对位置应避免支承压力的影响,煤柱的尺寸和巷道支护要合理等。

2) 区段巷道采用重叠布置

近水平或缓斜厚煤层分层开采,区段巷道的布置过去有内错和外错两种基本方式。这两种布置方法给防止采区自燃发火带来了一些不利的影响。而各分层平巷沿铅垂线重叠布置可以减小煤柱尺寸或不留煤柱,巷道避开了支承压力的影响,容易维护;同时也消除了内错式布置造成的贮热氧化易燃隅角带和外错式布置形式的工作面顶板虚实交接压力大,顶炭破碎易自燃的缺点。

3) 区段巷道分采分掘布置

倾斜易自燃煤层单一长壁工作面一般情况下都是上区段运输巷和下区段回风巷同时掘进,两巷之间往往要开一些联络眼,随着工作面的推进,这些联络眼被封闭并遗留在采空区内。煤柱经联络眼切割,再加上受采动影响,受压破坏,极易形成自燃火源。在这种情况下联络眼也很难封闭,由于漏风引起的上区段老空区自燃发火极为常见。区段巷道分采分掘布置就是回采区段工作面的进、回风巷同时掘进,而在上、下相邻区段的进、回风巷之间不再掘进联络眼。

4) 合理的采煤方法

高落式、房柱式等老的采煤方法回收率很低,采空区遗留大量而又集中的碎煤,掘进巷道多,漏风大,难以隔绝。开采易于自燃的煤层,选用这两种方法是十分危险的。

长壁式采煤法巷道回收率高,巷道布置比较简单,便于使用机械化装备,从而加快回采速度,有较大的防火安全性,特别是综合机械化长壁工作面,回采速度快,生产集中,便于管理,在相同产量的条件下煤壁暴露时间短,面积小,对于自燃发火的防治相当有利。经验证明,薄煤层采用这种采煤方法,很少自燃发火。

在合理的采煤方法中也应包括合理的顶板管理方法。顶板管理方法能影响煤炭回收率，煤柱、煤层的完整性和漏风量的大小。开采有自燃危险的煤层选择顶板管理方法要慎重。顶板岩性松软、易冒落、碎胀比大，采用全部陷落法管理顶板，一般采空区易于发生自燃，用惰性材料及时而致密地填充全部采空区，可以大大减少自燃火灾的发生。对于顶板坚硬、冒落块度大、自燃发火严重的煤层，采用全部陷落法管理顶板时必须辅以预防性灌浆或其他防火措施。回采厚煤层和中厚煤层采用倾斜分层和水平分层人工假顶法时，辅以预防性灌浆，只要保证灌浆质量，也能够做到既安全可靠又经济合理地开采厚煤层和中厚煤层。

5) 推广无煤柱开采技术

无煤柱开采顾名思义就是在开采中取消了各种维护巷道，隔离采空区煤柱，该开采技术已经在预防煤柱自燃发火方面取得成效，其技术关键在于取消了煤柱，消除了自燃发火的根源，尤其是在近水平或缓倾斜厚煤层的开采中，当水平大巷、采区上(下)山、区段集中运输巷和回风巷布置在煤层底板岩石中时，采用跨越回采，取消水平大巷煤柱、采区上下山煤柱；采用沿空掘巷或留巷，取消区段煤柱、采区区间煤柱；采用倾斜长壁仰斜推进，间隔跳采等措施，对于抑制煤柱发火都起了十分重要的作用。

6) 坚持正常的回采顺序

当采用中央并列式通风开采易燃厚煤层的矿井时，最好采用由井田边界向井筒方向开采的顺序，即大巷掘到井田边界，盘区后退的回采方式。开采倾斜和急倾斜煤层时，应先采上阶段后采下阶段，以避免先采下层或下阶段而破坏上层或上阶段煤层的完整性。上山采区正常回采顺序应该是先采上区段，后采下区段；下山采区应该与此相反。开采有自燃发火的煤层群时，在开采顺序上应先采上层后采下层。

7) 提高回收率，加快回采速度

采用先进的劳动组织，尽可能使用高效率的采煤设备和综合机械化设备，以加快回采速度。此外，必须根据煤层的自燃倾向和采矿、地质因素确定自然发火期，结合回采速度合理划分采区面积，在自燃发火以前就封闭已采、完采区。

5.2.4.2 合理通风，减少漏风

合理通风，减少漏风的技术原理在于通过选择合理的通风系统和采取控制风流的技术手段，以减少漏风，消除自燃发火的供氧条件，从而达到预防和消灭自燃发火的目的。

1) 选择合适的通风系统

通风不良、通风系统混乱、漏风严重的地点往往容易发生自燃火灾。因此，正确选择通风系统，减少漏风，对防止自燃发火有重要作用。因此，应结合开拓系统和开采顺序，选择合理的通风系统。一般来说，对角通风方式要比中央式内部漏风少，而中央分列式又比中央并列式内部漏风少。

2) 实行分区通风

每一生产水平、每一采区都要布置单独的回风道，实行分区通风。这样既可降低矿井通风总风阻，增大矿井通风能力，减少漏风，又便于调节风量和在发生火灾时控制风流、隔绝火区。当一个采区发生火灾时，能够根据救灾的需要，做到随时停风、减风或反风，有条件防止火灾气体侵入其他采区，避免扩大事故范围。在巷道布置上，要为分区通风和局部反风创造条件。

在自燃发火严重的矿井，通风压力不宜过大，但是，一些矿井在挖潜改造中，更换了大功率通风机，却不注意对系统的改造，致使矿井负压急增，漏风加大，自燃发火更加严重。

3) 选择合理的采区和工作面通风系统

选择采区和工作面通风系统的原则是尽量减少采空区的漏风压差，不要让新、乏风从采空区边缘流过。例如，采空区漏风较为严重的工作面，工作面较短时可采用后退式 U 形通风系统(图 5-2)，工作面较长时可采用后退式 W 形通风系统(图 5-3)。实践证明 W 形通风系统，对预防自燃火灾发生和实现安全生产有积极作用。

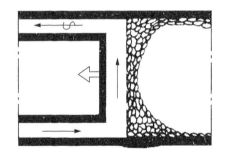

图 5-2　U 形通风系统

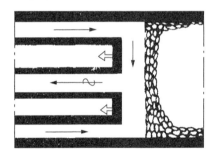

图 5-3　W 形通风系统

4) 正确选择通风设施的位置

根据通风阻力定律，漏风区域的漏风量随漏风风阻的增大而减少。因此，通过合理确定通风构筑物的位置，增加漏风阻力、减少漏风，从而起到防灭火作用也是常用的措施之一。

在井下安设通风构筑物(风窗、风门、密闭墙)和辅扇时，应注意其位置的选择。如果位置选择不当，则会增大煤柱裂隙或采空区的漏风量，促进自燃。例如，图 5-4 中的巷道 AB 间煤柱内有裂隙 ced，构成漏风通路。正常情况下因 c、d 两点间的压差(ΔH)很小，漏风量(Q_L)不大，没有引起煤柱自燃。如因生产需要，需

设置调节风门减少 AB 风量，那么调节风门安设在何处合适呢？从调节风量的角度考虑，安设在 AB 间的任何位置都可以。但从减少漏风、防止煤柱自燃角度考虑，却不能任意安设。因为，如果在 cd 间 I 的位置安设调节风门时裂隙间压差将增大为 ΔH，漏风量也相应地增加为 $Q_{1L}(Q_{1L}>Q_L)$，就有可能促进煤柱氧化自燃。如果调节风门安设在 II 或 III 处，裂隙 ced 间的压差 ΔH_{II} 或 ΔH_{III} 将随巷道风量的减少而减少（$\Delta H>\Delta H_{II}=\Delta H_{III}$），漏风量也将相应地减少。一切控制风流的装置都应设在围岩坚固、地压稳定的地点，不得设在裂隙带和冒顶区内，以免增大漏风量引起自燃。

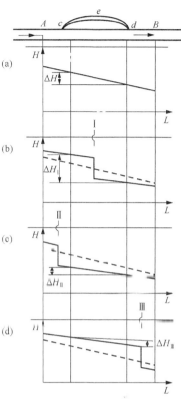

图 5-4 调节风门示意图

5）堵漏措施

(1)沿空巷道挂帘布。在沿空巷道中挂帘布是一种简单易行的防止漏风技术。帘布常采用耐热、抗静电和不透气的废胶质（塑料）风筒布，将风筒布铺设在维护巷道稳定的密集支柱上。

(2)利用飞灰、水砂或高水材料等形成充填带隔绝采空区。

(3)喷涂空气泡沫或凝胶堵塞漏风通道。

5.2.4.3 预防性灌浆

预防性灌浆是防止自燃火灾最有成效、应用最广泛的一项措施。所谓预防性灌浆就是将水、浆料按适当配比制成一定浓度的浆液，借助输浆管路将其送往可能发生自燃的采空区，以防煤炭自燃火灾的发生。其作用是：浆液流入采空区后，浆体物沉淀，充填于浮煤缝隙之间，形成断绝漏风的隔离带；有的还可能包裹浮煤，隔绝它与空气的接触防止氧化，而浆水所到之处，会增加煤的外在水分，抑制自热氧化过程的发展，同时对已经自热的煤炭有冷却散热的作用。因此，《煤矿安全规程》规定：开采有自燃发火倾向的煤层，必须对采空区进行预防性灌浆。

预防性灌浆的效果及其经济性主要取决于浆材的选取，浆液的制备、输送和灌浆方法。

预防性灌浆方法可分为：采前预灌、随采随灌和采后灌浆 3 种。

(1)采前预灌：这是针对开采特厚煤层，老空区过多，煤层极易自燃而采取的措施。例如，窑街矿区从明朝开始历经数百年反复开采，小窑星罗棋布，老空区纵横重叠。据统计，老窑造成的自燃火灾次数一度占总发火次数的 74.5%。因此，采前预灌是矿区防火中不可缺少的环节。采前预灌的方法有利用小窑灌浆、掘进消火道灌浆、布置钻孔灌浆。

(2)随采随灌：随着工作面的推进，向采空区内灌注泥浆，其作用一是防止遗煤自燃；二是胶结冒落的岩石，形成再生的底板，为下层开采创造条件。其灌浆方法根据采区巷道布置方式、顶板冒落情况不同也是多种多样，如插管灌浆法、钻孔灌浆法和向采空区灌浆法等。随采随灌的主要优点是灌浆及时，特别适用于长壁工作面自燃性较强的煤层。但管理不好时，易向工作面跑浆，使运输巷道积水、工作环境恶化，甚至影响生产。

(3)采后灌浆：开采自燃发火不是十分严重的厚煤层时，为避免采、灌工作相互干扰，可在一个采区回采结束后，封闭停采线的上、下出口，然后在上出口的密闭区内插管并大量灌浆(图 5-5)，其目的一是充填最容易发生自燃火灾的停采线空间，同时也封闭了采空区。

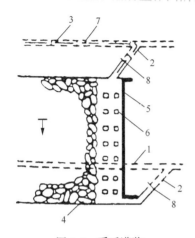

图 5-5　采后灌浆
1-岩石集中运输巷；2-联络巷；3-集中回风巷；
4-工作面运输巷；5-停采工作面；6-木支架；
7-注浆管；8-密闭

5.2.4.4　均压防火

自 20 世纪 60 年代均压技术作为防火的一项重要手段开始在我国运用后，其不断创新发展。它不仅用于防止已采空区遗煤自燃、加速封闭火区熄灭和抑制回采工作面采空区浮煤自燃隐患，而且用于正确选择通风系统和通风构筑物的位置，指导调风、灭火等。均压防灭火的本质是利用风窗、风机、调压气室和连通管等调压设施，改变漏风区域的压力分布，降低漏风压差，减少漏风，从而达到抑制遗煤自燃、惰化火区或熄灭火源的目的。常见均压防灭火的方法有开区均压和闭区均压法。

1)开区均压

开区均压是指在生产工作面建立均压系统，以减少采空区漏风，抑制遗煤自燃，防止 CO 等有毒有害气体超限聚积或向工作面涌出，从而保证回采工作面正常进行[6]。

生产工作面采空区煤炭自燃高温点产生的位置取决于采空区内堆积的遗煤和漏风分布。因此，采用调压法处理采空区的自燃高温点之前，必须先了解可能产生自燃高温点的空间位置及其相关的漏风分布，以便进行针对性调节。常见的开区均压方法有并联漏风的开区均压、角联漏风的均压和复杂漏风的均压。

（1）并联漏风的开区均压。

并联漏风是后退式回采 U 形通风系统工作面采空区扩散漏风的简化等效风路，如图 5-6 所示。

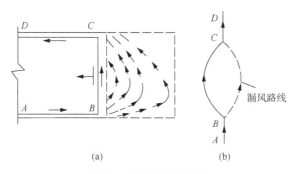

(a)　　　　　　　　　(b)

图 5-6　采空区并联漏风

在采取调压处理之前，应先判断自燃高温火点在漏风带中的大致位置。

第一，当自燃高温火点处于如图 5-7 所示的自燃带Ⅱ中后部（靠近窒息带）时，则可用降低漏风压差（工作面通风阻力）的方法减小漏风带宽度，使窒息带覆盖高温点。其措施有：在工作面进风或回风中安设调节风窗，或稍稍启开与工作面并联风路中的风门 d；在工作面下端设风障或挂风帘，这种方法对于减少采空区的瓦斯涌出也是有利的。第二，高温点位于自燃带的前部（靠近散热带附近）时，采用减小风量的方法不能使其被窒息带覆盖时，一般也可采用在工作面下端（如图 5-7 中 c 处）挂风帘的方法来减少火源所在区域的漏风量，同时加快工作面的推进速度，使窒息带快速覆盖高温点。第三，如果高温点位置不好判断时，可以在工作面进风或回风中安设调节风窗，或稍稍启开与工作面并联风路中的风门。

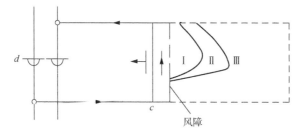

图 5-7　工作面下端挂风帘后"三带"分布
Ⅰ-冷却带（散热带）；Ⅱ-自燃带；Ⅲ-窒息带

（2）角联漏风的均压。

采空区内除存在并联漏风外，还有部分漏风与其他风巷或工作面发生联系，这种漏风叫角联漏风。如图 5-8（a）所示，当同时开采层间距较近的两层煤时，两工作面间的错距较小，造成上、下工作面采空区相互连通而产生对角漏风。实际上，对角漏风可能发生在采空区的一个条带上，在研究问题时为方便起见，漏风路线简化为对角支路，如图5-8(b)中2-5虚线所示。

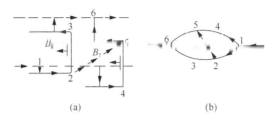

图 5-8　采空区角联漏风

1,2,···,6 表示节点编号，始节点号-末节点号表示一条分支，可表示一段巷道或工作面；
B_7、B_8 表示邻近层的两个工作面编号

调节角联漏风要在风路中适当位置安装风门和风机等调压装置，降低漏风源的压能，提高漏风汇的压能。如图5-9所示，3-6和3-5为工作面，采空区内漏风通道即为角联分支，漏风方向3→5。为了消除对角漏风，可改变相邻支路的风阻比，使之保持：

$$\frac{R_{2\text{-}3}}{R_{3\text{-}5}} = \frac{R_{2\text{-}4}}{R_{4\text{-}5}} \tag{5-1}$$

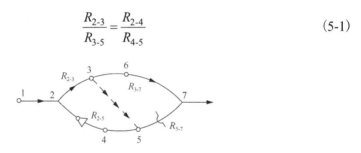

图 5-9　角联漏风的调压

箭头表示风流方向；$R_{i\text{-}j}$ 表示分支 i-j 的风阻，i、j 分别表示始、末节点编号

据此可实施下列方案：①在 5-7 分支中安设调节风窗，以增大 $R_{5\text{-}7}$，提高 5 点压能。②如果要求工作面的风量不变，可在 5-7 分支安设调节风窗的同时，在 2-4分支(工作面进风巷)安设调压风机，采用联合调压。③在条件允许时，还可在进风巷 2-3 安设调节风窗，在回风巷 5-7 安设调压风机进行降压调节。应该强调的是，调压所采用的各种措施应以保证安全生产和现场条件允许为前提。角联漏风的调节要注意调节幅度，防止因漏风汇的压能增加过高或漏风源的压能降得过低导致漏风反向。为了防止盲目调节，可在进行阻力测定的基础上，根据调节压力，预先对调节风窗的面积进行估算，并在调压过程中注意火区动态监测，掌握调压幅度。

(3)复杂漏风的均压。

采空区内除存在并联漏风外，还有部分漏风与其他不明区域发生联系，但难

以判断其等效风路形式，这种漏风均属复杂漏风。例如，复杂漏风具体可分为从不明区域漏入和漏出两种形式。

图 5-10 为从不明区域漏入。要消除这类漏风，抑制采空区遗煤自燃，通常的做法是在回风巷安设调节风门，提高工作面空气的绝对压力，为了不减少工作面的供风量，可在工作面进风巷安设风机。需要指出的是，工作面空气压力的提高应与不明区域漏风源的绝对压力平衡，以避免工作面向采空区后部漏风。

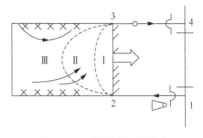

图 5-10 采空区复杂漏风

对于从工作面向不明区域漏出的情况，为消除漏风，通常的做法是在进风巷安设调节风门，降低工作面空气的绝对压力，为了不减少工作面的供风量，可在工作面回风巷安设风机。

2) 闭区均压

在已封闭的区域采取均压措施，可以防止自燃发火。在已封闭的火区采取均压措施可以加速火源的熄灭。实现闭区均压的方法有很多，主要有风门或风窗调节法、风筒风机调节法和调压气室法。

(1) 风门或风窗调节法。

如图 5-11 所示，在并联网路中一个分支有火区存在，可以在如图 5-11(a)所示的 1-2 分支上或如图 5-11(b)所示的 3-4 分支上安设调压风窗来减少火区两侧的压差。实际上就是减少并联网路的总风量，从而降低火区两端的压差。当然，这也会减少与火区并联网路上的分支风量。

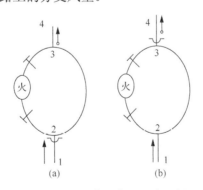

图 5-11 调压风窗对火区影响示意图

(2) 风筒风机调节法。

在某些情况下，防火墙 T_1 和 T_2 相距较近，如要调节封闭区域 T_1 或者 T_2 中的风压，可以使用风筒风机调节。如图 5-12 所示，如果只需要调节 T_1(进风侧)的风压，可以把风机设在 T_1 外部，并在风机前接上风筒，同时使风筒的出口超

越 T_2 所在分支一段距离(设在分支 2-3 中),这样不会影响 T_2 处的风压状态,如图 5-12(a)所示。如果只需调节 T_2 处的风压状态,可以在风机的后方连上风筒,而将风机设于 T_2 外部分支中,风筒的吸风口则设于分支 1-2 中不影响 T_1 的风压状态的地方,如图 5-12(b)所示。

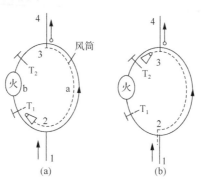

图 5-12   风筒风机调节法示意图

(3)调压气室法。

在封闭火区的密闭墙外侧建立一道辅助密闭墙,并在辅助密闭墙上设置调压装置调节两密闭墙之间的气体压力,使之与火区内的空气压力趋于平衡,为达到此目的而构筑的气室,称为调压气室。调压气室根据使用调压设备不同,分为连通管调压气室和风机调压气室两种。

为了保证调压气室的可靠性,调压气室一般采用砖石砌筑。调压气室建立在火区一侧的称为单侧调压气室,建立在火区两侧的称为双侧调压气室。下面,以单侧调压为例介绍调压气室法的原理和方法:①连通管调压气室。连通管调压气室(图 5-13)是在气室的外侧密闭墙上设立一条管路,管路的一端送入气室内,另一端则送入正压风流,或者是负压风流之中(相对于气室内的气体压力而言)。②风机调压气室。风机调压气室(图 5-14)是在气室的外密闭墙上设立一台局部通风机作为调压手段的气室。风机可根据调压幅度选择。气室内的气体压力由风机运转时抽出或压入气体调节。

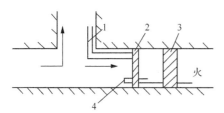

图 5-13   连通管调压气室示意图
1-调压管;2-辅助密闭;3-密闭;4-压差计

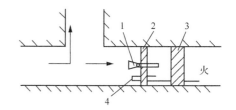

图 5-14   风机调压气室示意图
1-风机;2-气室密闭;3-永久密闭;4-压差计

两种调压气室，以连通管调压气室更为简便、经济。调压气室在实际应用中，其长度大多数情况下都不超过 10m，一般为 5～6m。它的作用是火区密闭墙中两端的压差接近于零，可减少或杜绝向火区漏风。其实质上充当了一个密闭墙的作用(可以把它看作是一个气体密闭墙)，对火区附近巷道内的压力状态没有什么影响。因此，调压气室大多应用在要消除矿井主要通风机对火区的直接影响，而又不对火区附近巷道内的风压、风量有所改变的情况下。

调压气室均压时可通过安设在密闭墙上的水柱计测定气室和火区间的压差。当水柱计的示值为零时表示火区漏风消失，否则应根据水柱计两侧液面高低和变化，采取相应的措施进行调整，达到调压目的。

为了避免调压盲目进行，必须对全矿井与采区的通风系统及漏风风路有清楚的了解，并且经常进行必要的空气成分和通风阻力的测定。否则调压不当时会造成假象，使火灾气体向其他不易发现的地点流动，甚至促进氧化过程的发展，加速火灾的形成。

5.2.4.5 阻化剂防火

一些无机盐类化合物溶液喷洒在煤块上，具有阻止氧化、防止自燃的作用，故称为阻化剂。用阻化剂防火是国内外正在研究的防止煤炭自燃的一项新技术，我国自 1974 年起已成功试验了这项防火新技术，取得了较好的效果。例如，哈密某矿使用以 $MgCl_2$ 为主料的矿用新型天机防灭火材料，采用喷深覆盖为主的防火方案，防灭火效果显著，很好地保证了该矿的生产安全[7]。这项防火技术的应用，对缺土、缺水矿区的防火有着重要的现实意义。

1) 阻化原理

阻化剂都是一些吸水性很强的盐类(氯化钙、氯化镁等)，当它们附着在煤的表面时，吸取空气中的水分，在煤的表面形成含水的液膜，从而阻止煤、氧接触，起到隔氧阻化的作用。同时这些吸水性能很强的盐类能使煤体长期处于含水潮湿状态，水在蒸发时的吸热降温作用使煤体在低温氧化时温度无法升高，从而抑制了煤的自热和自燃。另外，通过实验还发现：煤的外在水分有良好的阻化性能。随着煤的外在水分的增加，阻化效果也随着增强；当煤中水分蒸发、减少到一定限量时阻化作用停止而转变为催化作用，促进煤的氧化与自燃。在煤体上阻化剂水溶液液膜一旦失去水分而破灭，阻化氧化作用将停止。从阻化原理学说和实验室观察到的一些现象中可以得出：阻化剂防火实际上是进一步扩大和利用了以水防火的作用。

2) 防火工艺

阻化剂防火工艺可分两类：一类是在采煤工作面向采空区的遗煤喷洒阻化液

防止煤的自燃；另一类是向可能或已经开始氧化发热的煤壁打钻孔压注阻化液以控制煤的自燃。阻化剂防火技术工艺简单，效果好，药源广，成本低，特别是对于缺土的矿区尤为适用，但是对井下设备的腐蚀、环境的污染还要进一步考察。

5.3　基于"自燃三带"的采空区渗流特性分析

采空区空气渗流是造成采空区内松散煤体自燃的根源。掌握采空区空气渗流特性是解决采空区自燃的关键途径，许多研究者都对此进行了大量的实验分析，取得了大量成果，为防治采空区煤体自燃提供了重要的理论基础。

5.3.1　采空区空气渗流机理分析

在采空区不同位置压差的作用下，空气渗流风流由工作面进风侧渗入，经过采空区，然后在工作面回风侧或其他通风负压地点往外渗出。最简单的情况如图 5-15 所示，进风风流从 A 点起分成两条支路，一条为工作面通风线路，另一条为采空区空气渗流风流，空气渗流风流经采空区，在回风侧 B 点渗出。

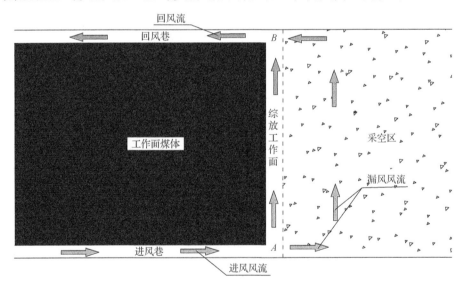

图 5-15　采空区空气渗流示意图

由于采空区的空隙率较小，空气渗流风阻较大，可以把采空区设想成一个设有调节风窗的巷道，上述通风线路就形成了一个由两条分支组成的并联风网，如图 5-15 所示。

工作面与采空区完全隔绝的状态为理想状态，实际生产中或多或少会有空气向采空区渗流。因采空区的空气渗流线路范围宽广，且空气渗流量较少，空气渗

流流量小，则空气渗流风流一般处于层流状态，空气受到的摩擦阻力 H_{m2} 为

$$H_{m2} = 2\upsilon \cdot \rho_2 \frac{L_2 U_2^2}{S_2^3} Q_2 \tag{5-2}$$

式中，υ 为空气的运动黏性系数，m^2/s；ρ_2 为采空区空气密度，kg/m^3；L_2 为采空区假设空气渗流通道长度，m；U_2 为采空区假设空气渗流通道断面周长，m；S_2 为采空区假设空气渗流通道断面面积，m^2；Q_2 为平均空气渗流风量，m^3/min。

只要综采工作面保持正常通风，空气渗流源与空气渗流汇之间(即 A 点与 B 点之间)必然产生压差，那么采空区空气渗流就必然发生。空气渗流风流受到的摩擦阻力与平均空气渗流风量的一次方成正比。因为空气渗流风量很小，所以空气渗流风流的摩擦阻力值也很小。而工作面风流的摩擦阻力与平均空气渗流风量的二次方成正比，且流量大，所以其压力损失要远远超过前者。

5.3.2 采空区空气渗流动力分析

由空气渗流机理分析可知，空气渗流源与空气渗流汇之间存在压差就可能使采空区发生空气渗流，这个压差就是采空区的空气渗流动力。对于 U 形上行通风的工作面，采空区空气渗流动力主要由以下 5 点共同构成：①采空区松散煤体内氧化升温形成的热力风压；②工作面入口风流引起的动压差；③工作面上、下两端头的位压差；④由工作面和支架壁面摩擦、起伏、扩大、缩小及采煤机等形成的风流沿工作面方向的压力降；⑤其他空气渗流动力，如瓦斯抽放负压、采空区与相邻采掘工作面或密闭墙之间的压差等。

1)采空区内的热力风压

采空区松散煤体暴露后，煤体氧化放出热量，温度逐步上升，使得采空区内高温点回风侧的空气受热而密度变小，从而产生热力风压 H_f，着火处风流空气渗流强度大，这是因为煤体高温区域会生成热力风压引起风流运动。热力风压 H_f 的计算公式为

$$H_f = \int_0^Z (\rho_0 - \rho_z) g \mathrm{d}z \tag{5-3}$$

式中，H_f 为热力风压，Pa；ρ_0 为采空区入口风流空气密度，kg/m^3；ρ_z 为采空区煤体内距工作面下顺槽底板的垂直高度为 z 处的空气密度，kg/m^3；Z 为工作面下顺槽与上顺槽之间的垂直高度，m。

据 J·Boussinesq 假设可得

$$\rho_0 - \rho_z = \rho_0 \beta (T_z - T_0) \tag{5-4}$$

式中，T_z 为煤体内距工作面下顺槽底板垂直高度为 z 处的空气温度，℃；T_0 为工作面进风口处的风流空气温度，℃；β 为流体的体积膨胀系数，其定义式为

$$\beta = \frac{1}{\omega}\left(\frac{\partial \omega}{\partial T}\right)_p$$

式中，ω 为空气比容，m^3/kg；T 为温度，K。

若忽略火灾发生前后空气压力变化，由理想气体方程式得

$$pV = RT , \quad \left(\frac{\partial \omega}{\partial T}\right)_p = \frac{R}{p}$$

于是，可得气体的体积膨胀系数为

$$\beta = \frac{1}{\omega} \cdot \frac{R}{p} = \frac{1}{T} \tag{5-5}$$

式中，p 为空气压力，Pa。

所以：

$$\rho_0 - \rho_z = \rho_0 \frac{(T_z - T_0)}{T_z}$$

即热力风压可表示为

$$H_f = \int_0^Z \rho_0 g \frac{T_z - T_0}{T_z}\mathrm{d}z \tag{5-6}$$

由式(5-6)可以看出，采空区内浮煤温度越高，与工作面下顺槽及高温点附近全负压通风地点之间的温差越大，产生的热力风压越大，空气渗流强度也越大。

2)工作面入口风流引起的动压

工作面进风口的风流方向与工作面方向形成一个夹角 θ，当风流碰到障碍物方向发生改变时，风流的动能在空气渗流处产生一个风头损失，进而风头前后产生一个压差，这个压差迫使风流往流体动能损失处进行内部渗透，所产生的风流动压为

$$H_V = \frac{1}{2}\rho_0 V_0^2 \sin^2 \theta \tag{5-7}$$

式中，H_V 为风流动压，Pa；V_0 为工作面进风入口风流速度，m/s；ρ_0 为采空区入口风流空气密度，kg/m^3；θ 为进风口的风流方向与工作面方向形成的夹角，(°)。

由以上分析可以看出，当风流方向与采空区表面的夹角为 90°时，风流动压最大，空气渗流强度也最大，且风流动压随风流速度的增大而增大。

3）工作面上、下两端头的位压差

在水平采空区中，风流没有位压差；在非水平采空区中，由于存在高差，工作面采空区两端就存在位压差，下行通风风流位压差为正，上行通风风流位压差为负。采空区两端 z_1、z_2 两点间的位压差 H_z 为

$$H_z = (z_1 - z_2)\rho g \qquad (5\text{-}8)$$

式中，ρ 为两点间的平均空气密度，kg/m^3。

通过分析可知，对于下行通风工作面，采空区内两点间高差越大，产生的位压差越大，空气渗流强度也就越大，对于上行通风工作面则相反。

4）风流沿工作面的压力降

风流沿工作面的压力降通常是由局部阻力和摩擦阻力共同引发的。风流在工作面中流动时，沿程受到工作面的固定壁面和支架杆梁的限制产生摩擦阻力。这时，工作面风流局部处于紊流状态，且工作面为半圆形，由流体力学体系计算及式可得

$$H_m = \frac{aLU_cQ^2}{S^3} \qquad (5\text{-}9)$$

式中，H_m 为摩擦阻力，Pa；a 为摩擦阻力系数；L 为工作面长度，m；U_c 为工作面断面周长，m；Q 为工作面的风量，m^3/s；S 为工作面断面面积，m^2。

在风流运动过程中，工作面条件的变化等一系列因素使均匀流动在局部区域受到阻碍物的影响，从而引起流动速率的大小、方向或分布发生变化或产生涡流等情况，造成风流的能量损失。局部阻力一般用速压的倍数表示，即

$$H_l = \zeta \frac{\rho_g \overline{v}^2}{2} \qquad (5\text{-}10)$$

式中，H_l 为局部阻力，Pa；ρ_g 为气体密度，kg/m^3；ζ 为局部阻力系数；$\overline{v}$ 为气体平均流速，m/s。

工作面的风流摩擦阻力和局部阻力之和越大，工作面空气渗流源与空气渗流汇之间的压差越大，空气渗流强度就越大。

5）其他空气渗流动力

采空区瓦斯抽放负压或注氮正压对采空区的空气渗流都会产生影响，负压瓦斯抽放起到增大渗流强度的作用，注氮正压起到减少空气渗流强度的作用。不同

煤体破坏区域连通后两侧的风压不同，形成压差，这些压差都可使采空区产生空气渗流。空气渗流强度与两端压差成正比。

5.3.3　采空区空气渗流影响因素分析

1）瓦斯抽放对采空区空气渗流的影响

如图 5-16 所示，某矿工作面在采空区回风顺槽侧设置有瓦斯抽放负压管，给采空区的空气渗流提供了一个动力，当抽放管的抽放量大于采空区内瓦斯涌出量时，抽放管内就会进入一定的空气，增大工作面采空区的空气渗流，形成一源多汇的空气渗流情况。瓦斯抽放虽然减少了上隅角瓦斯含量和回风流中的瓦斯含量，但有可能增加采空区的空气渗流，对防治自燃发火不利，因此，瓦斯抽放量的确定是值得研究的课题。

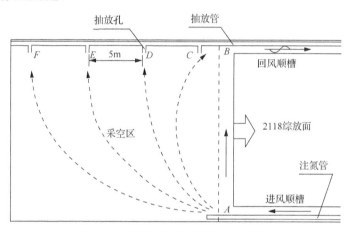

图 5-16　采空区空气渗流情况示意图

2）注氮对采空区空气渗流的影响

为了预防采空区自燃发火，可以在工作面进风顺槽设置注氮管（图 5-16），实施采空区注氮。由于注氮管出口有压力，其周边松散煤岩体的压力升高，可阻止进风顺槽内的气流向采空区流动。如果注氮管出口压力过大或注氮口距进风隅角太近，采空区内的气体还可能向下隅角流出。因此，采空区埋管注氮不仅能惰化采空区内的氧气，还可以减少工作面下隅角向采空区的空气渗流[8]。

3）上、下隅角封堵对采空区空气渗流的影响

从动压空气渗流动力分析可知，如果对工作面上、下隅角进行封堵，进入采空区的风流将受到阻挡，动压会消耗一部分局部阻力后改变风流方向，采空区的空气渗流明显减少，所以通常对工作面进风隅角或进、回风隅角进行封堵，如图 5-17 所示，可以减少向采空区的空气渗流。

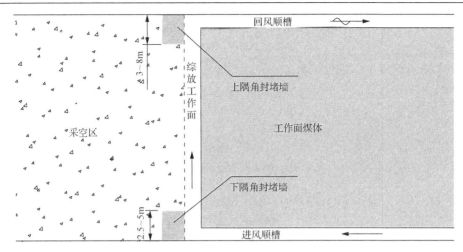

图 5-17　上下隅角采空区封堵示意图

4) 工作面风量对采空区空气渗流的影响

因为工作面受到的摩擦阻力和局部阻力与风量的二次方成正比,风量越大,工作面产生的摩擦阻力和局部阻力就越大,采空区空气渗流源与空气渗流汇之间的压力差就越大,空气渗流压力就越大,反之则越小。如在保证风量需求的前提下将工作面的风量降低10%,工作面两端的压差就可以降低19%,所以,减少风量可以减少采空区的空气渗流量。

5.3.4　采空区空气渗流特性数值模拟研究

5.3.4.1　空气渗流特性数学模型的建立

随着计算流体力学的发展,采用数值模拟方法研究采空区空气渗流特性,有助于弄清其机理,可为较好地解决该类问题提供理论依据等。

采用数值模拟方法研究问题,需要对问题本身有一个全面、正确的认识,即要清楚其中发生的物理、化学过程。为此,先就采空区渗流阻力系数、U 形通风情况下采空区氧含量分布等作简要理论分析,给出参数选择的依据,这是数值模拟结果是否符合实际的关键。

应该指出,数值模拟方法实质上属于理论研究的范畴,它只是克服了数学上的困难,如非线性方程(组)与初始、边界条件的复杂描述与求解等,其模拟结果最终需要经过实践(验)的检验与修正。

1) 采空区渗流阻力系数

根据达西定律,表征渗流特性的参数是介质的渗透率 $K(\mathrm{m}^2)$ 与流体的动力黏性系数 $\mu(\mathrm{Pa \cdot s})$ 或它们的组合——渗流系数 κ, $\kappa = K / \mu \, [\mathrm{m}^4/(\mathrm{N \cdot s})]$, κ 的倒数为

r，即 $r=1/\kappa (\mathrm{N \cdot s/m^4})$，称为渗流阻力系数。其与多孔介质空隙率、块度及其分布状态等因素有关。如图 5-18 所示，根据 Е.И.格鲁兹伯尔格等的研究成果，阻力系数与测点到采空区纵深距离 x 之间存在指数关系，即

$$r = r_0 \exp(\beta x^2) \tag{5-11}$$

或

$$r = r_0 (1 + 0.5\beta Lx)\exp(\beta x^2) \tag{5-12}$$

式中，L 为工作面长度；r_0、β 为试验常数，可根据其物理意义通过现场试验测定

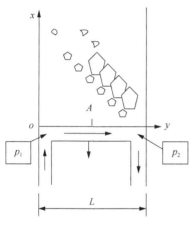

图 5-18　工作面通风系统示意图

（直接法），Е.И.格鲁兹伯尔格等提供的两次试验的 r_0 和 β 分别为 $46.5\mathrm{N \cdot s/m^4}$、$30\mathrm{N \cdot s/m^4}$ 和 $5.95\times10^{-5}\mathrm{m^{-2}}$、$7.1\times10^{-5}\mathrm{m^{-2}}$。

如果将采空区内的 r 取为常数 r_0，是偏于安全的，此时，r_0 可通过简单方法测定。由理论分析可得，这种情况的空气渗流量为

$$Q_{\mathrm{s}} = 3.664(p_1 - p_2)h_{\mathrm{B}}/(\pi^2 r_0) \tag{5-13}$$

式中，Q_{s} 为采空区空气渗流量，近似于进风巷风量减去工作面中部风量所得值；p_1、p_2 分别为下、上隅角风流静压；h_{B} 为工作面采高。

当前，还需对风量与风流静压进行测定，现场可测，因此，根据式(5-13)可以反算出 r_0。

2) 空气渗流场分布数学模型

对于定常流的情况，流场压力 p 满足拉普拉斯方程：

$$\frac{\partial^2 p}{\partial x^2} + \frac{\partial^2 p}{\partial y^2} = 0 \tag{5-14}$$

边界条件为

$$\left.\frac{\partial p}{\partial y}\right|_{y=0} = \left.\frac{\partial p}{\partial y}\right|_{y=L} = 0, (x>0) \tag{5-15}$$

$$p\big|_{x=0} = p_1 - \frac{p_1 - p_2}{L}y, (0<y<L)\ (\text{压力边界条件}) \tag{5-16}$$

采用傅里叶变换法，容易求得其解为

$$p(x,y) = \frac{p_1 + p_2}{2} + 4(p_1 - p_2)\pi^{-2} \sum_{n=1}^{\infty} \frac{\cos[\pi(2n-1)y/L]}{(2n-1)^2} \exp[-\pi(2n-1)x/L] \quad (5\text{-}17)$$

进而可求得采空区内任一点 (x,y) 处沿 x 轴和 y 轴的速度分量 $v_x(x,y)$ 和 $v_y(x,y)$：

$$v_x(x,y) = -\frac{1}{r}\frac{\partial p}{\partial x} = \frac{4(p_1-p_2)}{\pi L r} \sum_{n=1}^{\infty} \frac{\cos[\pi(2n-1)y/L]}{(2n-1)^2} \exp[-\pi(2n-1)x/L] \quad (5\text{-}18)$$

$$v_y(x,y) = -\frac{1}{r}\frac{\partial p}{\partial x} = \frac{4(p_1-p_2)}{\pi L r} \sum_{n=1}^{\infty} \frac{\sin[\pi(2n-1)y/L]}{(2n-1)^2} \exp[-\pi(2n-1)x/L] \quad (5\text{-}19)$$

根据式(5-18)、式(5-19)，在 xoy 平面上速度的等值线表现为抛物线形状。式(5-13)即根据式(5-18)或式(5-19)通过积分获得。

3) 采空区氧含量分布数学模型

根据已有理论研究成果，采空区的氧含量 c（体积百分数）满足下述微分方程：

$$\frac{\partial c}{\partial \tau} = D\nabla^2 c - \vec{v}_\varphi \operatorname{grad} c - v_\Pi \frac{\partial c}{\partial x} - \frac{\rho_H(U+f)c}{\Pi} \quad (5\text{-}20)$$

式中，c 为距采空区起始面 x 的氧含量，%（体积）；τ 为时间，s；D 为气体混合物中氧的扩散系数，可取为氧在氮气中的扩散系数 $2\times10^{-5}\text{m}^2/\text{s}$；$\vec{v}_\varphi$ 为速度矢量；v_Π 为回采面推进速度，m/s；ρ_H 为松散煤体的堆积密度，可取为 0.9kg/m^3；U 为氧的吸附速度（即耗氧速度），$\text{m}^3/(\text{kg}\cdot\text{s})$，计算方法见下面；$f$ 为 1kg 煤岩放出的瓦斯气体的比容，计算方法见下；Π 为采空区破碎岩石的空隙率，%，可取为 25%。

式(5-20)考虑了回采面推进速度的影响，一般需借助于数值方法求解，但对于准定常及 U 形通风进、回风两侧附近的情况，上式可简化为

$$\frac{\mathrm{d}^2 c}{\mathrm{d}x^2} - \frac{v_x + v_\Pi}{D}\frac{\mathrm{d}c}{\mathrm{d}x} - \frac{\rho_H(U+f)c}{\Pi D} = 0 \quad (5\text{-}21)$$

式中，v_x 为指向采空区内部方向的渗流速度分量的平均值，m/s，计算方法如下。

式(5-21)的解近似为

$$c = c_0 \exp(-k_1 x) \quad (5\text{-}22)$$

式中，c_0 为工作面风流中的氧含量；k_1 为衰减系数。

因此，这里需要提供的实际上是 k_1 的计算方法。

经过理论分析给出了进、回风侧系数 k_1 的计算公式，即

$$k_1 = \sqrt{\left(\frac{v_\Pi + v_x}{2D}\right)^2 + \frac{\rho_H(U + f)}{\Pi D}} - \frac{v_\Pi + v_x}{2D} \tag{5-23}$$

对于 v_x、U、f 有

$$v_x = \pm\frac{4(p_1 - p_2)}{\pi r_0 L(1 + 0.25\beta L^2)}\exp(-0.25\beta L^2 - 0.5\pi) \tag{5-24}$$

式中，+对应进风侧，−对应回风侧，有关参数意义同前。

$$U = 0.25U_0(0.5L/v_\Pi)^{-\alpha} h_\Pi / h_B \tag{5-25}$$

$$f = \psi g_0\exp(-0.5nL/v_\Pi) \tag{5-26}$$

式中，U_0 为松散煤体在新鲜空气中的耗氧速度，根据试验结果，取 $2.67 \times 10^{-8}\text{m}^3/(\text{kg}\cdot\text{s})$；$\alpha$ 为经验常数，在 $0.2 \sim 0.5$ 变化，可取为 0.35；h_Π 为遗煤厚度，m；ψ 为采空区内煤体的比表面积，m^2/kg，根据 E. И. 格鲁兹伯尔格等提供的数据，其在进风侧取 $1 \times 10^{-6}\text{m}^2/\text{kg}$，回风侧取 $1.5 \times 10^{-6} \sim 2 \times 10^{-6}\text{m}^2/\text{kg}$；$g_0$ 为遗煤初始瓦斯释放率，常村矿取 $2.9 \times 10^{-6}\text{m}^3/(\text{m}^2\cdot\text{s})$，系根据矿井绝对瓦斯涌出量算得；$n$ 为经验系数，s^{-1}，一般取 $2.7 \times 10^{-7} \sim 2.9 \times 10^{-7}\text{s}^{-1}$。

其他参数意义同前。式(5-22)表明，进、回风侧数值模拟结果应符合指数单调衰减的规律，这一点可以作为检验数值模拟结果正确与否的一个条件。对于采空区中部(沿工作面方向)，也可按指数衰减规律估计。

5.3.4.2　采空区流场与氧含量分布数值模拟

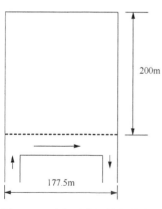

图 5-19　采空区流场等参数数值
模拟几何区域

大型计算流体动力学(CFD)商用数值模拟软件 Fluent 能够处理带有化学反应的多孔介质内的流动问题[9]。考虑到遗煤自燃过程的复杂性，关于氧含量分布，这里采用式(5-20)给出的唯象关系而不采用化学动力学的方法。

1)采空区流场与氧含量分布数值模拟

采空区流场等参数数值模拟几何区域如图 5-19 所示，工作面采高 2.6m，工作面推进速度为 1.2m/d，下、上隅角风流静压分别为 1112.8Pa、942.5Pa，遗煤厚度为 0.385m；黏性阻力系数取为常数，即 $r_0 = 34\text{N}\cdot\text{s/m}^4$，空隙率取 25%，工作面氧含量取 21%，空气的密度为 1.225kg/m^3。

图中标注：200m，177.5m

数值模拟结果如图 5-20 所示。图 5-20(a)～(c)表明，进风隅角作为采空区三场(压力场、速度场、浓度场)分布的"源"，回风隅角作为对应的"汇"，由"源"向"汇"流动过程中，在形式上沿工作面中部压力场近似呈反对称性分布，由"源"到"汇"逐渐降低，速度场近似呈对称性分布，从"源"到"汇"先降低后增大；图 5-20(c)与许多文献提供的解析解完全一致，采空区内速度矢量场方向大致呈现由"源"向"汇"流动的特点。另外，图 5-20(d)显示出近工作面侧采空区内氧气浓度较高，并且向采空区深部方向氧气浓度呈现渐进下降趋势，与采空区实测氧含量等值线图十分一致，证明该条件下应用数值模拟的可行性，可以进行实际情况下采空区流场与氧含量等参数的数值模拟。

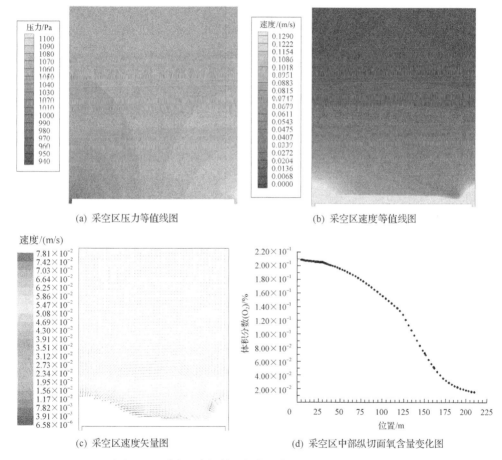

(a) 采空区压力等值线图

(b) 采空区速度等值线图

(c) 采空区速度矢量图

(d) 采空区中部纵切面氧含量变化图

图 5-20　采空区流场等参数数值模拟结果(文后见彩图)

2)上、下隅角封堵情况下采空区流场与氧含量分布数值模拟

根据空气渗流动力分析得出，进风流与下隅角存在动量压差，形成采空区空

气渗流动力。为消除或减弱该效应，需对下隅角进行一定长度的封堵；上隅角由于抽放瓦斯等也需要封堵一定长度。下隅角封堵长度通常为 2.5～5m，上隅角封堵长度为 3～8m。

为了研究上、下隅角封堵对采空区空气渗流的影响规律，运用数值模拟方法对其进行研究。数值模拟的几何区域如图 5-21 所示，其中，下、上隅角封堵的长

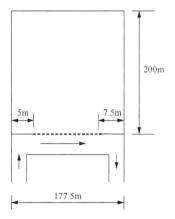

图 5-21　工作面两端带封堵的采空区平面示意图

度分别为 5m、7.5m，其他参数同前，数值模拟结果如图 5-22(a)～(d)所示，封堵前、后呈现出的采空区三场分布规律类似，但是，通过图 5-20(a)～(d)、图 5-22(a)～(d)之间的比较可以看出，采空区内压力场减弱，风流"源"和"汇"的位置都向工作面中部有所偏移，引起采空区内部风流速度整体变小，采空区氧含量沿着采空区深部方向的衰减更快；可见，封堵的确起到了一定的堵漏作用，但局限在一个较小的范围内。考虑到进风侧氧含量分布范围较宽的事实，本书又模拟了进风侧封堵 10m、回风侧封堵 5m 的情况，其他参数不变，其氧含量等值线图如图 5-22(d)所示，对比两种方案的封堵效果可知，后者稍优于前者，但程度有限。在实际工作中若封堵过长，则施工困难较大，以下的模拟中将采用下隅角封堵 10m、上隅角封堵 5m 的情况。

3) 上隅角抽放瓦斯对采空区流场及氧含量分布的影响

利用瓦斯抽采泵提供的负压在上隅角实施抽放瓦斯。Fluent 软件需要采用压力出口边界条件，因此先计算抽放口出口压力。

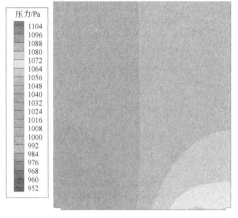

(a) 两端封堵情况下采空区压力等值线图

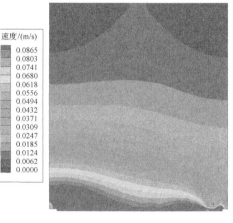

(b) 两端封堵情况下采空区速度等值线图

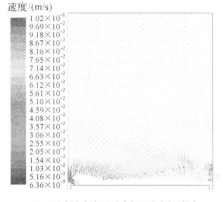

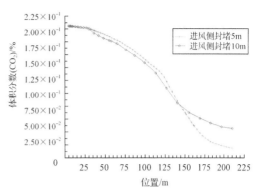

(c) 两端封堵情况下采空区速度矢量图   (d) 两端封堵情况下采空区中部纵切面氧含量变化图

图 5-22　两端封堵情况下采空区流场等参数数值模拟结果(文后见彩图)

设实际的抽放口面积为 S_1，流量为 Q_1，抽放压力为 P_1，二维出口面积为 S_2，出口压力为 P_2，根据通风学知识，可以估算出口压力为

$$(P_0 - P_2) / (P_0 - P_1) = (S_1 / S_2)^2 \qquad (5-27)$$

式中，P_0 为基准压力，可取为 0(表压)。

实际抽放管直径为 200mm，面积为 0.0314m²，抽放压力为–2560Pa。抽放量为 45m³/h。设二维出口面积为 6.5m²，根据式(5-27)得二维抽放静压为–0.06Pa，模拟时边界压力取 942.4Pa。由于瓦斯抽放管对采空区流场的影响较大，为了减小影响，对瓦斯抽放管道进行简化处理，用墙上开口代表瓦斯抽放管道口，忽略管道，数值模拟结果如图 5-23 所示，可见瓦斯抽放改变了采空区流场的"汇"，使得采空区内压力场偏离了对称性分布[图 5-23(a)]，采空区内流场速度通常很小，瓦斯抽放口处流速明显增大[图 5-23(b)]，采空区速度矢量图[图 5-23(c)]中的箭头指向说明采空区瓦斯和空气一起流向了瓦斯抽放管道。增大瓦斯抽放量至 60m³/h，采空区氧含量分布趋势变化不大[图 5-23(d)]，可见瓦斯抽放对采空区氧含量分布的影响较小，并未增大采空区自燃防治的难度。

4) 下隅角注氮情况下采空区流场与氧含量分布数值模拟

注氮能降低采空区氧含量，起到惰化采空区氧气的作用，也能应用正压原理，使氮气从排出口向周边的采空区松散介质及深部扩散、弥散，形成一个正压区，阻止工作面风流向采空区渗漏。

已知注氮管的流量为 369m³/h=0.1025m³/s，取氮气的密度为 1.2kg/m³，则质量流量为 0.123kg/s。采用二维模型，工作面采高为 2.6m，则单位高度上的等效注氮质量流量为 0.0473kg/s。

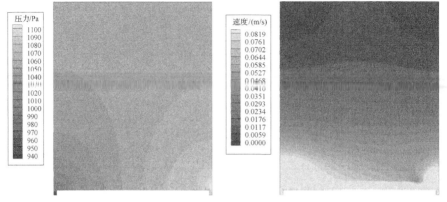

(a) 上隅角抽放情况下采空区压力等值线图　　　　　(b) 上隅角抽放情况下采空区速度等值线图

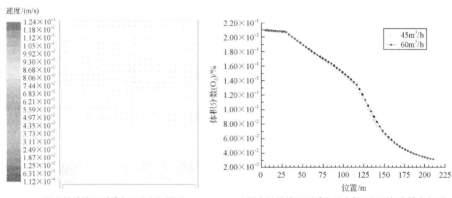

(c) 上隅角抽放情况下采空区速度矢量图　　　　　(d) 上隅角抽放情况下采空区中部纵切面氧含量变化图

图 5-23　上隅角正常抽放(45m³/h)情况下采空区流场等参数数值模拟结果(文后见彩图)

注氮口一般埋入采空区 5～30m 才能注氮,模拟计算采用 15m,结果如图 5-24 所示,可以看出,注氮增多了采空区流场的"源",使得采空区内压力场向回风侧

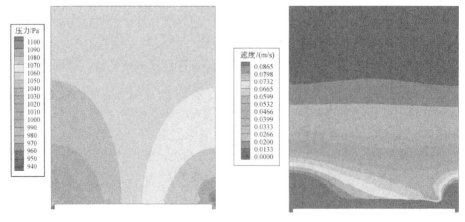

(a) 下隅角注氮情况采空区压力等值线图　　　　　(b) 下隅角注氮情况采空区速度等值线图

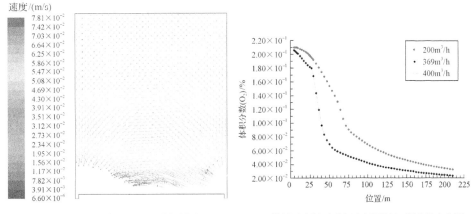

(c) 下隅角注氮情况采空区速度矢量图　　　(d) 下隅角注氮情况采空区中部纵切面氧含量变化图

图 5-24　下隅角注氮情况下采空区流场等参数数值模拟结果(文后见彩图)

略有偏移[图 5-24(a)]，上风侧(上隅角和注氮口附近)的流速明显增大[图 5-24(b)和(c)]、氧含量降低，采空区内氧含量的整体分布范围变窄[图 5-24(d)]，说明采空区注氮是一项控制采空区氧含量分布的有效措施。

5) 注氮、封堵联合作用下最佳注氮量的数值模拟研究

根据所设定的封堵长度，改变注氮量，以研究最小注氮量的计算问题。其中，注氮量依次为 200m³/h、369m³/h、400m³/h，注氮量 369m³/h 是实际选用的注氮量。

如果取 6.3%作为极限氧含量，根据图 5-24(d)可以得到极限氧含量位置(即注氮影响采空区氧含量分布的最大范围)与注氮量之间的关系。当注氮量为 200m³/h时，深入距离为 22.3m；当注氮量为 400m³/h 时，深入距离为 11.66m(由图按比例量得)。已知氧含量随距离按指数规律衰减，据此可得出关系式：

$$y_{limit} = 42.65e^{-0.003242Q_N} \tag{5-28}$$

式中，y_{limit} 为采空区氧化危险带宽度，m；Q_N 为注氮量，m³/h。

注氮量与抑制自燃发火效果成正比；但是若注氮量过大将降低风流中的氧含量(风流中的氧含量不能小于 18.5%)，影响工作面工作环境。注氮量过小，则起不到对采空区自燃发火的抑制作用，假设工作面回采速率为 v(m/d)，煤体最小发火期为 t_0(天)，则有

$$42.65e^{-0.003242Q_N} \leqslant v \cdot t_0 \tag{5-29}$$

根据式(5-28)，得最佳注氮量为

$$Q_N \geqslant \frac{\ln \dfrac{42.65}{v \cdot t_0}}{0.003242} \tag{5-30}$$

5.4　中西部煤矿防灭火实践及案例分析

5.4.1　中部典型煤矿综放面采空区自燃防治实践

5.4.1.1　工作面情况

常村煤矿 2118 工作面位于 21 盘区三条下山西翼，自上而下第八个区段，上邻顶分层已采毕的 2116 工作面，下邻未曾采动的 2120 工作面，西部与跃进矿井田相邻，如图 5-25 所示。工作面走向长 961m，倾斜长 177.5m，可采面积为 170577.5m²。煤层顶板的岩性、厚度不同，伪顶为灰白色中砂岩，稍含水，钙质或泥质胶结，厚度为 0.1～0.9m；直接顶为灰-深灰色泥岩，致密、易冒落，厚度为 1.5～3.0m；老顶为灰色、致密块状、呈水平层理的泥岩，厚度为 34.0～40.0m。煤层底板的岩性、厚度也不同，直接底为灰黑色、致密块状、具有滑面和水平层理的碳质泥岩，厚度为 2.0～7.8m；老底为灰黑色、致密块状的泥岩和质硬、黏土质胶结的砂岩，厚度为 13～34m。

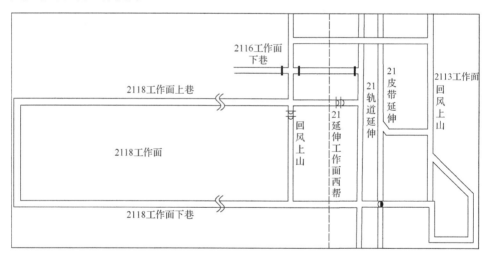

图 5-25　2118 工作面布置平面示意图

所开采煤层为中侏罗统下段义马组 2-3 煤，分岔区为 2-1 煤，工作面煤层厚度从煤轨道向切眼由 11.9m 左右逐渐变薄至 3.2～4.2m，无突变现象，煤层结构复杂，含夹矸 3～5 层，单层厚 0.05～0.3m。绝对瓦斯涌出量一般为 10～14m³/min，爆炸指数为 48.33%，煤层自燃倾向性严重，自然发火期为 15～30 天。

该工作面采用走向长壁后退式综采放顶煤采煤法，一次采全厚，自然跨落法管理顶板。回采以放顶煤工序为主,割煤与放煤平行作业,割煤高度为 2.6m±0.1m,放煤高度为 0.6～9.3m,采放比 1:0.23～1:3.57。采煤机双向割煤, 截深 0.5m,

往返割两排放一排顶煤。工作面共安装支架 119 架，上、下巷工作面以外 20m 内使用 3.1m 工字钢梁配合单体支柱打走向抬棚，共四道，一梁四柱。通风方式为下巷进风、上巷回风的上行 U 形全负压通风，回采期间，工作面配风量为 825m³/min。

为了防止上隅角瓦斯超限，工作面采用移动瓦斯抽放系统进行采空区瓦斯抽放。煤矿井下用聚乙烯瓦斯抽放管，管径为 ϕ200mm，抽放负压为 2560Pa，实施由"上隅角插管、采空区埋管"组成的联合抽放措施，两台抽放泵能力分别为 65m³/min 和 20m³/min，抽放混合气体流量为 45m³/min，在采空区每隔 5m 设置一个抽放孔。

5.4.1.2 防治总体思路

为了预防煤体因空气渗流而自燃发火，影响矿井生产，首先对工作面进行合理配风，采取均压技术措施以降低采空区空气渗流源与空气渗流汇之间的压差；其次实际观测上、下隅角的压差，在此基础上综合工作面采空区空气渗流规律数值模拟结果，确定合理、科学的封堵长度、瓦斯抽放量和注氮量，对采空区自燃发火实施综合防治，其总体防治思路如图 5-26 所示。

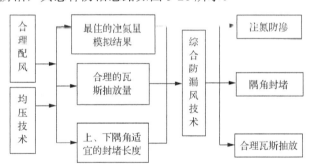

图 5-26 综放面采空区空气渗流防治总体思路

5.4.1.3 合理配风防漏技术

根据空气渗流动力分析可知，工作面的阻力与流量的二次方成正比，改变工作面风量，可以大幅度减少工作面两端的压差，也可减少工作面采空区的空气渗流量，减少自燃隐患和瓦斯涌出。因此，需对工作面进行合理配风，具体计算过程如下。

1) 按工作面同时工作最多人数计算

$$Q=4N=4\times100=400m^3/min$$

式中，N 为工作面同时工作最多人数，取 100 人；Q 为工作面的风量，m³/min。

2）按瓦斯涌出量计算

$$Q=qK_{CH_4}/C =5.0\times1.5/1\% =750m^3/min$$

式中，q 为工作面风排瓦斯涌出量，取 $5.0m^3/min$；K_{CH_4} 为瓦斯涌出不均衡系数，取 1.5；C 为工作面风流允许的最高瓦斯体积分数，取 1%。

3）按工作面适宜温度计算

$$Q=60VS =60\times1.3\times9 =702m^3/min$$

式中，V 为适宜温度风速，$1.3m/s$；S 为工作面有效通风断面面积，$9m^2$。

4）按配风量与采空区氧化带宽度关系计算

工作面正规回采后，对进风巷和回风巷的风量进行实测，得到工作面回风巷风量 Q_h 为 $857m^3/min$；工作面进风巷风量 Q_j 为 $825m^3/min$；工作面采高 Z_w 为 $2.6m$；工作面长度 L 为 $177.5m$；风流中的氧含量 $[O_2]_0$ 一般为 20.96%；煤氧化下限氧含量 $[O_2]_{min}$ 根据西安科技大学曾做的实验取 6.2%，煤耗氧速率参数 V_0 为 $607.88\times10^{-11}mol/(cm^3\cdot s)$；根据采空区氧化带宽度 X 与工作面的风量 Q 间的关系式[10]：

$$X = \frac{4(Q_h - Q_j)[O_2]_0}{Z_w L(Q_h + Q_j)^2 V_0} \ln \frac{[O_2]_0}{[O_2]_{min}} Q^2$$

$$X = 2.43\times10^{-4}Q^2$$

按下限氧含量 6.2% 作为氧化带宽度范围，根据常村煤矿综放工作面采空区氧化带宽度实测结果可知 X 一般为 58m，即 $58=2.43\times10^{-4}Q^2$，则

$$Q=484m^3/min$$

5）按"两巷"通风断面匹配计算

由 $Q=V_{适宜}\times S_{有效}$ 得出：

$$Q_j=2.4\times60\times4.2\approx605m^3/min$$

式中，Q_j 为进风巷风量，m^3/min；$V_{适宜}$ 为适宜风速，取 $2.4m/s$；$S_{有效}$ 为平均有效通风断面，取 $4.2\ m^2$。

$$Q_h=2.4\times60\times4.8 =691.2m^3/min$$

式中，Q_h 为回风巷风量，m^3/min；$S_{有效}$ 为平均有效通风断面，取 $4.8m^2$。Q_h 与 Q_j 之比为 1.14：1，因此，工作面的适宜风量为 $691.2m^3/min$。

6) 工作面风量确定

通过上述计算，工作面最大风量为 750m³/min。按瓦斯涌出量计算工作面的风量 750m³/min，工作面的适宜风量为 691.2m³/min，最大风量分别与按瓦斯和"两巷"所计算出的风量之比都不超过 1.13。并且，0.25×60×9=135m³/min＜750m³/min＜4×60×9=2160m³/min。

所以，通过计算，将工作面的供风量由 825m³/min 调整到 750m³/min，通过计算，工作面采空区上下端的压差可降低 17.36%。

5.4.1.4 均压防漏技术

正在回采的工作面通常采取开区均压方式。工程实施过程中，为了便于运输，在回风巷设置调节风门，调节风门的位置离回风隅角不能太远，安设在上隅角以外 30m 左右的位置，如图 5-27 所示。通过适当升高开采空间的静压，使之接近或小于自燃隐患或瓦斯溢出口里侧的静压，以减缓或消除 CO、CH₄ 的溢出强度，减弱或消除向自燃隐患点的空气渗流强度，减小采空区空气渗流带的宽度，达到减轻灾害威胁程度、抑制或尽快消除隐患的目的。

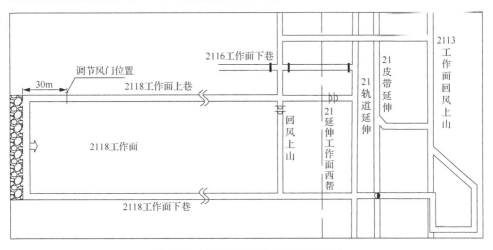

图 5-27 2118 工作面均压调节位置图

5.4.1.5 粉煤灰凝胶充填堵漏技术

1) 充填封堵工艺

将凝胶材料按一定比例通过地面制浆系统直接加入灰水比为 1：4～1：5 的粉煤灰浆后，形成混合溶液，在井上下压差的作用下，浆体材料经专用管路输送到井下使用地点，井下促凝剂通过安设在施工地点附近的泥浆泵压出后，与胶体材料通过管路混合后注入预先湿润过的松散煤体，在化学反应作用下形成含水量较大的胶体泥浆,粉煤灰凝胶充填工艺流程如图 5-28 所示。输送促凝剂的充填泵为 BG-Ⅱ型螺杆泵,主要技术参数为:功率为 7.5kW,压力为 1.05MPa,流量为 8m³/h,最大水平输送距离为 150m,最大垂直输送距离为 20m。

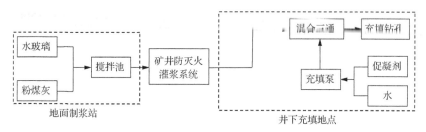

图 5-28 粉煤灰凝胶充填工艺流程图

2)工作面回采期间钻孔布置

根据粉煤灰凝胶在破碎煤体中的流动性布置钻孔,如图 5-29 所示,进风隅角布置 3 个钻孔,回风隅角布置 2 个钻孔,孔间距为 1.5～2.5m。根据采空区顶板冒落情况,向采空区打的钻孔应尽量靠近采空区顶板。钻孔的技术参数如下所述。

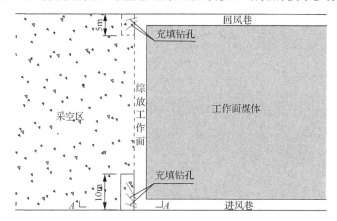

图 5-29 进、回风隅角充填钻孔布置平面图

(1)开口位置:上、下隅角支架间;

(2)方向:沿工作面走向,并指向架后采空区顶板;

(3)孔深:≥4m,如图 5-30 所示;

(4)角度:与巷顶呈 33°～70°仰角,如图 5-30 所示;

(5)布置方式:应尽量布置在上、下隅角;

(6)下管深度:≥4m;

(7)施工方式:利用一次性钻头和钻杆施打。

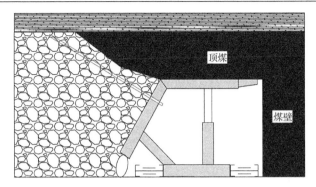

图 5-30 钻孔布置剖面示意图

充填前应在充填区域外端搭设沙(煤)袋墙,避免材料溢出造成浪费,如图 5-31 所示,沙土袋的厚度(沿走向)为 1~2m,高度接顶,然后再通过钻孔压注材料。

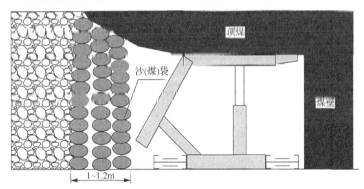

图 5-31 采空区两道沙袋充填示意图

3) 工作面拆除期间钻孔布置

当工作面推进至距停采线 10m 距离时,工作面上、下隅角连续垛煤袋墙封堵,煤袋墙之间无间隙,如图 5-32 所示。

图 5-32 上、下隅角连续垛煤袋墙示意图

工作面停采后,对第一架排头架后漏风通道背板后注立固安充填。对上、下隅角和相邻排头架分别施工 3 排充填孔,排距 2~3m,每排 4 个孔,孔深分别为 6m、8m、10m、12m,沿走向呈偏扇形指向采空区,钻孔施工完毕后先注湿润煤体,随后注胶体泥浆充填严实。

工作面推至距停采线 50m 处时组织队伍在停采线以外 10m、20m 处施工上、下巷 1～4 号钻场，钻场开好后及时施工钻场内的防火钻孔，工作面推至距停采线 20m 处时通过防火钻孔进行灌浆。钻场参数：高×宽×深=2.8m×5m×6m。每个钻场施工 6 个钻孔，上、下巷钻场防火钻孔有效控制上隔角往下 30 架、下隔角往上 30 架范围，孔终落在架顺、架后各 8m 处，不间断注入泥浆，始终保持工作面上隔角以下、下隔角以上 30 架范围上方淋水，如图 5-33、图 5-34 所示。

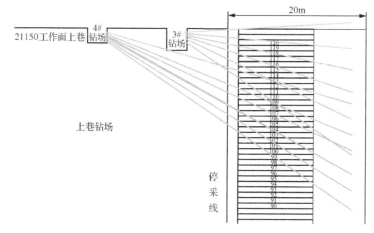

图 5-33　上巷钻场示意图（下巷与上巷对称）

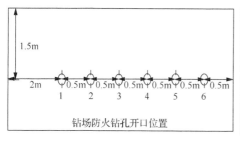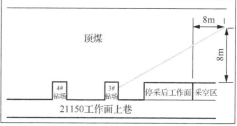

图 5-34　钻孔参数示意图

工作面停采后，在工作面煤墙侧 30#、60#、90#支架位置开设 3 个防火钻场，参数为 2.8m×5m×6m，每个钻场布置 10 个钻孔，孔深 14～30m，控制钻场上下各 20 架范围，终孔位置落在采空区后 1～2m、支架上方 6～8m，对采空区进行大范围注浆湿润，最后注胶封堵一次。

每个架间向采空区施打一个防火钻孔，孔深 11m，仰角 18°～22°，终孔位置在采空区后 1～2m、支架上方 4～5m。先对工作面所有钻孔进行注水湿润，然后大量灌浆，最后注胶充填；为保证各防火钻孔的时效性，随拆除进度，将注实的钻孔透开，进行第二次乃至第三次注胶（灭阻安），确保充填严实。

每隔 10 架在架后施打一个观测孔，仰角 30°～40°、孔深 2m，用软管连接至前梁，实时观测采空区气体变化情况。

根据切眼上方顶板破碎情况在切眼顶煤破碎区域沿支前梁向破碎区施工钻孔，每组2个、仰角45°、与支架呈45°夹角。在20#～40#支架、65#～80#支架顶煤破碎区施工钻孔，并及时注胶充填。

5.4.1.6　注氮惰化防漏技术

注氮不仅能惰化采空区，由于其正压作用还可以阻止工作面风流向采空区渗漏。注氮防漏的机理为：工作面为负压通风，注氮为正压，将氮气注入采空区或松散介质附近时，氮气在自身压力和外加能量场的共同作用下向深部扩散、弥散，冲滞于松散介质周围而形成气-固相混合体，形成一个正压区，阻止工作面风流向采空区渗漏，达到防漏的目的。

1）制氮设备技术参数

常村煤矿制氮系统共配备 PAS 碳分子筛制氮机两套，安装在排矸井，制氮量均为 1000m³/h，正常情况下一台工作，一台备用，若遇见工作面有自燃隐患时，则两套同时工作。制氮设备主要性能参数指标见表 5-1。

表 5-1　制氮设备主要性能参数指标

工作原理	PAS 碳分子筛制氮
型号	DQ-1000
排量/(m³/h)	1000
排气压力/MPa	0.75～0.9
排气纯度/%	98
冷却方式	风冷
传动方式	齿轮
气量调节方式	闸阀
电压/V	380/660
电机功率/kW	180
数量	2

2）注氮方法

注氮方式选择得合理与否不仅决定着氮气在采空区中的分布状况，而且关系着注氮效果和经济费用。选择注氮方式时，应根据采空区空气渗流源的位置及其分布等因素，充分借助注氮正压或其与空气渗流压力的共同作用，保证注入的氮气能够持续扩散而形成全方位的氮气正压惰化带，从而达到有效抑制空气渗流、防治自燃发火的目的。

常村煤矿注氮方法采用迈步埋管式连续注氮(除延管时以外)，氮气释放口沿工作面进风巷设置在距工作面20m，且距巷道底板500mm处的采空区中。埋进采空区的管道采用 ϕ75mm 无缝钢管，两个出氮口间距为20m，如图5-35所示。当一根注氮管进入采空区 20m 后开始注氮，另一根注氮管开始安设，依次循环。

图 5-35   迈步注氮管布置示意图

3）注氮量计算

注氮量的大小对于防治采空区自燃发火至关重要，不仅能稀释空气中的氧含量，还能对采空区形成正压区域，减小或抵消内外压差，降低渗流强度。注氮量小了起不到应有的作用，过大又会对风流中的氧含量造成影响，所以对注氮量的确定就需更加精确。

（1）按产量计算。

氮气单位时间充满采出空间，其经验计算公式为

$$Q_N=A/(1440\cdot\rho\cdot t\cdot\eta_1\cdot\eta_2)\times(C_1/C_2-1) \tag{5-31}$$

式中，Q_N 为注氮量，m^3/min；A 为年产量，2016 年产量为 250×10^4t；ρ 为煤的密度，t/m^3；t 为年工作日，取 300 天；η_1 为管路的输氮效率；η_2 为采空区注氮效率；C_1 为空气中的氧含量，取 20.8%；C_2 为采空区防火惰化指标，取 7%。

$$Q_N=250\times10^4/(1440\times1.4\times300\times98\%\times80\%)\times(20.8\%/7\%-1)$$
$$\approx10.4m^3/min\approx624m^3/h$$

（2）按瓦斯量计算。

$$Q_N=Q_0\cdot C/(10\%-C) \tag{5-32}$$

式中，Q_N 为注氮量，m^3/min；Q_0 为采煤工作面通风量，正常情况下为 $825m^3/min$；C 为工作面回风流中的瓦斯含量，平常瓦斯平均含量 0.17%。

$$Q_N=825\times0.17\%/(10\%-0.17\%)\approx14.2675m^3/min\approx856m^3/h$$

（3）按采空区氧化带氧含量计算。

该方法计算的实质是将采空区氧化带内的原始氧含量降到防火惰化指标以

下，其计算公式为

$$Q_N = [(C_1 - C_2) \cdot Q_V] / (C_N + C_2 - 1) \tag{5-33}$$

式中，Q_N 为注氮量，m^3/min；Q_V 为采空区氧化带的空气渗流量，取 $5m^3/min$；C_1 为采空区氧化带内原始氧含量(取平均值)，取 20.8%；C_2 为注氮防火惰化指标，取 7%；C_N 为注入氮气的纯度，为 98%。

$$Q_N = [(20.8\% - 7\%) \times 5] / (98\% + 7\% - 1) = 13.8 m^3/min = 828 m^3/h$$
$$= 332 m^3/h$$

(4)最佳注氮量计算公式。

注氮量越大，越有利于防止采空区遗煤自燃。当然，注氮量也不能过大，以保证工作面回风流中的氧含量不低于 18.5%。若注氮量太小，则起不到防止采空区遗煤自燃的作用，通过数值模拟得到最佳注氮量计算公式：

$$Q \geqslant \frac{\ln \dfrac{42.65}{vt_0}}{0.003242} \tag{5-34}$$

式中，v 为工作面回采速率，m/d；t_0 为自然发火期，天。2118 工作面平时最小推进速度 v 为 1～1.5m/d；自然发火期一般为 15～30 天，最短为 7 天，为了安全取 $v = 1m/d$，t_0 取 7 天。

$$Q \geqslant \frac{\ln \dfrac{42.65}{1 \times 7}}{0.003242} \approx 557 m^3/h$$

通过计算，平常的注氮偏小，根据数值模拟的最佳注氮量大于 $557m^3/h$，考虑到有自燃隐患，综合考虑以上因素把注氮量确定为 $860m^3/h$。

(5)按工作面氧含量进行注氮量验算。

氮气虽然无毒，但有窒息性，因此，《煤矿安全规程》第二百三十八条规定了注入氮气的含量不小于 97% 和氮气源应稳定可靠。注氮时需对工作场所的安全氧含量进行验算。参照有关规定，从安全可靠性方面考虑，我国将该指标暂定为 18.5%。则最大注氮量为

$$Q_{max} = 60 \times Q(C_3 - C_4) / C_4$$
$$= 60 \times 750 \times (20.8\% - 18.5\%) / 18.5\%$$
$$= 5595 \ m^3/h$$

式中，Q_{max} 为最大注氮量，m^3/h；Q 为工作面的风量，按调节后的风量计算，即 $750m^3/min$；C_3 为工作面或巷道中的原始氧含量，一般取 20.8%；C_4 为工作场所的安全氧含量指标，取 18.5%。

确定的注氮量 $860m^3/h$ 远小于最大注氮量 $5595m^3/h$，所以认为是安全的。

5.4.1.7　效果考察

1）常村煤矿自燃发火标志性气体及临界值

煤炭自燃发火的判别主要通过其氧化自热的温度，结合 CO 的含量变化率及其他气体指标进行确定：

（1）煤体温度。能直接测出煤体温度时，用煤体温度对自燃发火进行预测预报。

（2）CO 气体含量作为主要指标。因为 CO 贯穿于自燃发火的整个过程，开始出现的时间早，出现时含量高于其他气体，容易监测，随煤体温度升高，含量增加显著，变化规律性强。

（3）C_2H_4/C_2H_6 的值作为辅助指标几乎不受风流大小的影响，且与温度之间的线性关系明显，因此，该值作为判别参考时判别结论更准确。

（4）C_2H_4 出现的温度较高（100℃），可以将其作为煤炭自燃进入加速氧化阶段的预测指标。

（5）C_3H_8、C_3H_6 和 C_4H_{10} 可以测出时，对应的温度为 130℃，标志着煤炭自燃进入激烈氧化阶段，它们是紧急预警指标。

根据实验室低温氧化实验和现场防火实践经验的总结，自燃发火标志性气体临界值确定如下：

（1）常温自燃氧化阶段。风流中 CO 含量为 $50\times10^{-6}\sim100\times10^{-6}$，而且含量变化不大，CO 产生率低，为 $0.6\times10^{-6}/℃$，煤体温度在 40℃ 左右。

（2）蓄热氧化阶段。风流中 CO 含量为 $200\times10^{-6}\sim300\times10^{-6}$，煤体温度在 70℃ 左右，CO 含量变化平衡，并伴有 C_2H_6 出现，巷道煤壁有"冒汗"现象。

（3）加速氧化阶段。风流中 CO 含量为 $500\times10^{-6}\sim1000\times10^{-6}$，煤体温度在 100℃ 以上，并伴有 C_2H_4 出现，并且 C_2H_4 含量呈曲线上升趋势。

（4）激烈氧化阶段。回风流中测得 C_3H_8、C_3H_6 和 C_4H_{10}，CO 含量短时间内急剧上升，产生率迅速增加，煤体温度超过 300℃。

2）效果分析

2015 年 9 月 29 日，现场开始全部实施。9 月 30 日 8:30，架缝的 CO 气体含量开始下降，10 月 12 日，上隅角和 80#支架 CO 气体含量下降到 100ppm 以下。10 月 24 日 4:30，除 95#支架至上隅角的架缝处能检测到 CO 气体外（最高 CO 气体含量为 60ppm），其余架缝所检测到的 CO 气体含量均不超过 24ppm。11 月 1 日 4:30，除 95#支架的架缝处能检测到 24ppm 的 CO 气体外，其余架缝几乎检测不到。同时，工作面上隅角瓦斯含量都一直稳定在 0.5% 左右，从现场开始实施，到 11 月 1 日检测 CO 和 CH_4 浓度期间未发生过瓦斯积聚超限现象。如图 5-36、图 5-37 所示。

随后，该工作面除停止架缝洒水和恢复采空区埋管正常抽放瓦斯强度外，一直坚持实施项目所涉及研究的其他措施。至今，工作面支架缝隙未再检测到 CO 气体含量超过 24ppm 的现象，且上隅角也没有出现过瓦斯积聚超限现象，抽放瓦斯含量也提高到 14%～16%，如图 5-38 所示。

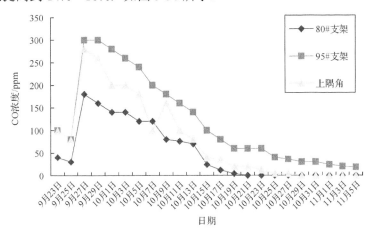

图 5-36 2118 综放面采空区空气渗流防治效果图

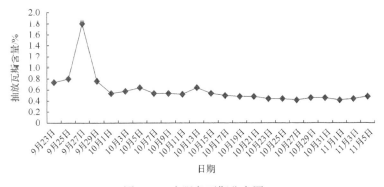

图 5-37 上隅角瓦斯分布图

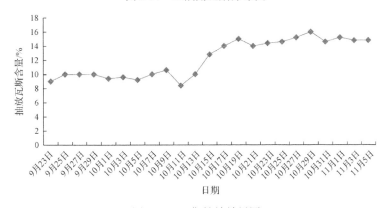

图 5-38 瓦斯抽放效果图

所涉及的措施实施前后工作面架缝 CO 气体含量和上隅角瓦斯含量的变化情况见表 5-2。

表5-2 CO气体、上隅角瓦斯和抽放瓦斯含量情况表

日期	45#CO气体含量/ppm	50#CO气体含量/ppm	55#CO气体含量/ppm	60#CO气体含量/ppm	65#CO气体含量/ppm	70#CO气体含量/ppm	75#CO气体含量/ppm	80#CO气体含量/ppm	85#CO气体含量/ppm	90#CO气体含量/ppm	95#CO气体含量/ppm	100#CO气体含量/ppm	105#CO气体含量/ppm	1.0#CO气体含量/ppm	115#CO气体含量/ppm	119#CO气体含量/ppm	上隅角瓦斯含量/%	抽放瓦斯含量/%
9月23日								40	48	60	100	100	100	120	80	100	0.74	9
9月24日								40	60	60	100	100	120	120	100	100	0.86	10
9月25日								30	40	60	80	80	100	100	80	80	0.8	10
9月26日						100	120	140	180	240	280	260	280	300	240	220	0.84	9.4
9月27日	40	40	60	80	80	80	140	180	240	260	300	320	320	340	300	280	1.8	10
9月28日	24	40	40	60	60	80	100	160	180	240	300	300	280	280	260	260	1.2	9.6
9月29日	24	24	20	40	42	80	100	160	180	240	300	280	260	280	240	260	0.76	10
9月30日	28	24	22	40	40	60	100	140	160	200	280	280	260	260	240	220	0.68	8.6
10月1日	26	242	20	40	40	60	88	140	160	200	280	260	240	260	200	200	0.54	9.4
10月2日	24	24	20	40	40	40	80	140	160	200	280	220	240	240	200	180	0.56	9.6
10月3日	26	26	20	28	32	40	68	140	140	180	260	220	200	240	200	200	0.58	9.6
10月4日	24	26	22	26	34	40	68	120	140	180	240	240	220	280	200	220	0.62	9.6
10月5日	26	26	18	28	36	40	64	120	136	180	240	260	180	240	220	180	0.64	9.2
10月6日	24	18	16	28	32	34	46	100	136	180	240	240	180	220	200	140	0.66	9.2
10月7日	24	18	16	24	28	34	46	120	128	160	200	220	140	200	180	100	0.54	10
10月8日	24	16	16	24	28	36	38	100	126	160	200	200	120	160	160	140	0.72	10.8
10月9日	20	16	12	16	24	32	38	80	100	180	180	200	140	180	140	160	0.54	10.6
10月10日	20	16	12	16	24	28	26	80	120	140	180	160	160	120	160	100	0.52	10.2
10月11日	18	16	14	16	18	28	26	76	100	140	160	180	140	120	140	100	0.52	8.4
10月12日	16	12	12	14	18	24	24	68	80	140	180	160	120	100	100	80	0.48	9.8
10月13日	12	12	14	12	16	18	22	70	68	160	140	160	120	80	100	80	0.64	10

续表

日期	45#CO气体含量/ppm	50#CO气体含量/ppm	55#CO气体含量/ppm	60#CO气体含量/ppm	65#CO气体含量/ppm	70#CO气体含量/ppm	75#CO气体含量/ppm	80#CO气体含量/ppm	85#CO气体含量/ppm	90#CO气体含量/ppm	95#CO气体含量/ppm	100#CO气体含量/ppm	105#CO气体含量/ppm	110#CO气体含量/ppm	115#CO气体含量/ppm	119#CO气体含量/ppm	上隅角瓦斯含量/%	抽放瓦斯含量/%
10月15日	0	0	0	4	8	10	8	24	40	40	100	100	80	80	60	40	0.54	12.8
10月16日	0	0	0	4	6	8	8	16	40	40	80	60	40	40	80	36	0.56	14
10月17日	0	0	0	4	4	6	6	12	24	24	80	60	40	40	60	36	0.5	14
10月18日	0	0	0	0	0	0	4	8	24	18	60	40	40	36	60	22	0.54	14.4
10月19日	0	0	0	0	0	0	0	4	24	12	60	40	60	38	40	20	0.48	15
10月20日	0	0	0	0	0	0	0	0	18	10	60	40	40	28	26	20	0.46	14.6
10月21日	0	0	0	0	0	0	0	0	20	10	60	40	34	24	24	20	0.48	14
10月22日	0	0	0	0	0	0	0	0	16	24	60	40	24	20	24	16	0.42	14.6
10月23日	0	0	0	0	0	0	0	0	24	12	60	40	32	16	20	12	0.44	14.4
10月24日	0	0	0	0	0	0	0	0	24	0	60	24	22	14	14	4	0.44	14.6
10月25日	0	0	0	0	0	0	0	0	12	0	40	24	20	8	14	4	0.44	14.6
10月26日	0	0	0	0	0	0	0	0	6	0	38	24	16	8	8	4	0.46	14.8
10月27日	0	0	0	0	0	0	0	0	6	0	36	18	18	4	8	4	0.42	15.2
10月28日	0	0	0	0	0	0	0	0	0	0	32	18	18	4	0	0	0.48	15.2
10月29日	0	0	0	0	0	0	0	0	0	0	30	14	14	0	0	0	0.46	16
10月30日	0	0	0	0	0	0	0	0	0	0	24	8	12	0	0	0	0.46	14.8
10月31日	0	0	0	0	0	0	0	0	0	0	36	6	6	0	0	0	0.46	14.6
11月1日	0	0	0	0	0	0	0	0	0	0	24	6	6	0	0	0	0.42	15.2
11月2日	0	0	0	0	0	0	0	0	0	0	20	4	0	0	0	0	0.52	15.4
11月3日	0	0	0	0	0	0	0	0	0	0	20	3	0	0	0	0	0.44	14.8

5.4.2 西部典型煤矿急斜煤层综放面采空区自燃治理案例

5.4.2.1 工作面概况

甘肃华亭煤业集团有限责任公司东峡煤矿37220-1工作面走向长度为1036m，倾斜长度为59.5m，本层回采厚度为9.8m，工作面倾角达到52°～65°，所采煤层最短自然发火期为37天，属国内典型的急倾斜易自燃综采放顶煤工作面。

2012年1月，37220-1工作面推进475.8m时停产检修18天后，支架后方CO浓度逐渐升高，矿上积极采取了封闭工作面、注氮气、注水、液氮防灭火等技术方案，工作面气体浓度、温度明显下降，灭火效果明显。但是，工作面自10月5日起27#～30#支架后方CO浓度逐渐升高，10月11日中班27#～30#支架后方CO浓度上升到1000ppm后，在距工作面8m处施工临时封闭了工作面。封闭后采取了注氮等一系列防灭火措施，10月30日在工作面内CO含量为0ppm、氧含量小于5%的情况下，由公司救护队员进入工作面进行了侦查，因工作面CO浓度仍然超限，立即在上顺槽距工作面9.2m处及下顺槽距工作面113.9m处各施工了一道板密闭和一道砖密闭，再次封闭了工作面。

5.4.2.2 CO超限原因分析

受工作面倾角大、顶板煤层松软等地质条件及检修影响，该矿7月推进69.8m，8月推进39m，9月推进34.3m，9月19日起开始停产检修。工作面推进速度较慢[11]，在采空区遗煤达到自然发火期前未能将其甩入窒息带，导致采空区尤其是下隅角遗煤氧化自热产生大量CO涌入工作面。

5.4.2.3 防灭火方案

为了能够及时有效地控制采空区遗煤氧化自热，消除自燃发火隐患，确保工作面尽早恢复生产，经研究制定如下防灭火方案：

(1)对37220-1工作面上顺槽、下顺槽密闭进行喷浆封堵漏风。

(2)通过下隅角预埋的注氮管路向采空区进行24小时不间断连续注氮，注氮量为400m³/h，氮气浓度≥97%。

(3)在上顺槽距工作面12m处开口，朝下隅角方向施工一条专用消火道，消火道长40m，距工作面最小平面距离为5.4m，底板与工作面顶板垂直高差为3.7～5.4m。在消火道内从上往下每隔10m施工一个2m深的安全硐室。①以消火道的4个安全硐作为钻场，呈扇形状向工作面下隅角及采空区支架后布置12个孔径为ϕ108mm的钻孔。钻孔终孔位置沿工作面倾向从下往上每隔5m设置一个，沿工作面走向在支架尾梁后方3～5m处，具体参数详见37220-1工作面防灭火钻孔设计图。②每个钻孔施工结束后立即插入与钻孔等长的套管(外径 89mm，内径 53mm)；每节套管长 2m，用丝口连接，钻孔末端的 3m 套管上每隔 200mm 插花打 4 个 ϕ20mm 的小孔。③成孔后，通过钻孔自下隅角开始，从下往上逐段压注凝胶，使采空区支架后方 3～8m 范围内从下往上形成一条凝胶隔离带，阻止采空区浮煤氧化自燃。

(4)待 37220-2 工作面上顺槽掘进超过本分层工作面 15m 以后，从 37220-2 工作面上顺槽沿走向每隔 3m 向本分层上顺槽(采空区)施工一个孔径为 ϕ108mm 的钻孔。在本分层支架后方 5～25m 范围内共施工 6 个钻孔，每个钻孔施工结束后立即插入与钻孔等长的套管(外径 89mm，内径 53mm)压注凝胶。

(5)注凝胶工程量：计划在采空区形成一条 5m 宽的凝胶隔离带，工作面斜长 60m，工作面实际采放高度按 2.6m 计算，则需注入凝胶量 $V = 60 \times 5 \times 2.6 = 780 \text{m}^3$。

5.4.2.4 技术要求

1)压注凝胶

(1)注胶配液浓度为水：水玻璃：碳酸氢铵=72：8：20。各种溶液必须充分溶解，两种胶液在混合器内搅拌均匀后，通过注胶泵混合后，由注胶泵通过高压管后，经钻孔注入采空区。

(2)因压注凝胶工程量较大，选用 ZHJ-400 型凝胶泵，该泵技术参数为：注浆流量为 400L/min，注浆出口压力为 5MPa，输入电源电压为 380/660V，搅拌电机功率为 2.2kW。

(3)防止钻孔堵塞。凝胶的成胶时间很短，一般为 0.3～1.5min，在注凝胶时只要整个系统在运转，即使凝胶浓度较大，钻孔也不会堵塞，但是，一旦系统发生故障，在 1～2min 内钻孔就会堵塞，从而使钻孔报废，为此，一旦系统发生故障，应立即关闭注水玻璃的计量泵，将碳酸氢铵的泥浆泵进口管伸入清水桶中冲洗 5min，此外，注凝胶停止时，也应用清水冲洗钻孔 5min，然后再关闭整个系统。

(4)严格控制成胶时间。注凝胶防灭火的关键是要正确掌握成胶时间，其方法为：先确定混合器到钻孔终孔位置的长度，然后将此长度的管路接到混合器出口处，并启注凝胶设备，如果管路出口处的混合液处于初凝状态，则可以认为此凝胶比例恰当，否则，应增减促凝胶碳酸氢铵的比例。

2)注氮

(1)注氮前，必须提前检查输氮管路接头有无松动及胶垫冲坏等管路故障，并依次打开输氮管闸阀，使闸阀开启到最大位置。

(2)采空区氧化带内注入的氮气浓度不得小于 97%，注入采空区后惰化带内的氧气浓度不得超过 5%。

（3）注氮管路上安装注氮气体监测计量装置，有效监测氮气纯度、流量及压力。

（4）注氮时，必须加强对上、下顺槽密闭外和风流中的瓦斯、二氧化碳、一氧化碳、氧气等气体的监测工作，当风流中氧气浓度小于20%或瓦斯及其他有害气体浓度超过《煤矿安全规程》的规定时，应立即汇报调度室及有关部门，查明原因，进行处理。

（5）每班注氮结束后注氮工必须认真填写注氮记录，详细记录注氮起止时间、氮气浓度及注氮量，并关闭所有注氮闸阀。

3）监测监控

（1）通灭技术员建立防灭火检查记录，每天对上、下顺槽密闭内外的瓦斯、一氧化碳、氧含量、温度及密闭完好等情况进行一次准确全面的检查，发现有密闭漏风或气体异常时立即进行汇报处理，并填好记录。

（2）调度室监控中心对工作面上隅角、下隅角及中段敷设的束管进行实时监测，准确掌握工作面内气体变化情况。

（3）调度室监控中心负责至少每隔7天对工作面上、下顺槽中的瓦斯、一氧化碳和温度等传感器进行一次检查和标校，确保监测数据准确。

（4）在进行防灭火工作期间，必须有专职瓦检员和安检员现场监护，当巷道风流中一氧化碳浓度超过100ppm、甲烷浓度超过1%或氧含量小于18%时，必须立即撤出人员，待气体正常后再进行作业。

参 考 文 献

[1] 翟新献，田昌盛. 易自燃煤层综放开采理论与技术[M]. 徐州: 中国矿业大学出版社, 2008.

[2] 丁永明. 新疆急倾斜特厚易自燃煤层通风系统现状分析[J]. 矿业安全与环保, 2012, 39(4): 61-62, 64.

[3] 王怀勐. 新疆某矿区瓦斯和煤自燃特征及其控制条件[J]. 黑龙江科技大学学报, 2015, 25(6): 593-596.

[4] 黄建明. 新疆尼勒克煤田吉仁台煤矿煤层自燃因素及烧变特征[J]. 中国西部科技, 2010, 9(14): 2, 5.

[5] 张建新，张国斌. 新疆有色集团天池矿业公司大平滩煤矿煤炭自燃特性研究[J]. 新疆有色金属, 2010, 33(5): 24-25, 28.

[6] 李桦，崔国顺. 综采放顶煤开区均压防火对策的探讨[J]. 煤, 2006, 15(5): 31-33.

[7] 李博，赵晓夏. 哈密一矿安全隐患治理工程防灭火工作实践[J]. 露天采矿技术, 2017, 32(1): 71-75, 79.

[8] 张九零，王月红. 注惰对封闭火区气体运移规律的影响研究[M]. 北京: 煤炭工业出版社, 2014.

[9] 约翰 D·安德森. 计算流体力学基础及应用[M]. 吴颂平，刘赵淼，译. 北京: 机械工业出版社, 2015.

[10] 裴昌合. 易燃煤层综放工作面安全配风量计算方法及实践[J]. 煤炭科学技术, 2008, 36(7): 45-47, 95.

[11] 陈卫东，刘雪，何如成，等. 东峡煤矿 52°急倾斜综放面停产期间发火原因及对策[J]. 煤矿现代化, 2014, (1): 49-51.

6　放顶煤开采煤尘综合治理

综放工作面粉尘问题日益突出，产尘强度不断增大，严重威胁工作面工作人员的身体健康，高粉尘浓度生产条件下进行生产极其危险，是矿井生产的安全隐患之一。新疆煤炭资源丰富，历年来尘肺病的发病率在煤炭行业居于首位[1]，根据2007～2015年乌鲁木齐某大型煤炭企业新发尘肺病病例分析，总体尘肺病发病率已有下降趋势，但一些大型煤矿仍存在井下掘进、采煤等工作场所粉尘浓度合格率低、防尘设施不完善和个体防护不到位等问题[2]。为此，必须将防尘工作与安全生产和职工健康有机结合，以安全促生产。

6.1　工作面产尘分析

综放工作面是煤炭开采过程中产尘量最大的作业地点，放顶煤开采工艺自20世纪80年代被引进后，因其具有高产、高效及低耗的特点在国内迅速推广应用，但该采煤方法具有开采强度大、产尘点多、风速快、粉尘质量浓度高等特点，一般用单一手段很难将煤尘控制在煤矿安全规定的允许范围内，特别是多尘源粉尘浓度分布叠加效应十分明显，因此，必须根据不同的生产条件，综合运用多种防尘技术在针对单个尘源粉尘防治的基础上，形成多点防降尘系统以保证综放工作面的工作环境。

综放工作面的粉尘来源主要有机组割煤、移架、放煤、输送机转载、破碎机破煤等[3]。根据测定，在没有防尘措施或措施不当的情况下，综放工作面机组割煤、移架、放煤等多工序并行作业时最大粉尘质量浓度可达3000～5000mg/m³。

6.1.1　割煤产尘

产尘是煤炭破碎过程的固有特性，也是能量释放的展现形式，采煤机的作业过程即产尘过程。正常生产时，机组割煤产生的粉尘量占工作面内粉尘总量的60%左右，是综采工作面内最大的产尘源。当煤体被采煤机滚筒切割及由螺旋叶片或涡形管进一步破碎时，会产生煤尘。产尘原因有：

(1)截煤时，截齿刀尖前的煤被挤压形成压固核，当接触应力增加到极限值时，压固核被压碎产生煤尘。

(2)大块煤采落后，紧跟在后面的截齿切割厚度减小，增加了产尘量。

(3)被割下和被滚筒抛出的煤，在弹性恢复时沿裂缝继续分离成更小的煤块，同时产生煤尘。

(4)截齿磨钝后，各刃面变成了弧面，与煤碾压和摩擦产生粉尘。

(5)截齿对煤体的冲击、割下来的煤互相碰撞及滚筒螺旋叶片装煤时二次破碎产尘。

总体来看，割煤时受滚筒参数、截齿参数、采煤机工作参数、煤质及地质条件等影响，加之长时间连续作业、移动性及对风流的阻碍作用等特点，决定了工作面内粉尘在时间和空间上的分布随着采煤机位置的变化而发生变化，使粉尘防治难度增大。

已有研究表明，粉尘产生后，多数随风流在煤壁一侧运动，少数扩散至人行道等空间，在采煤机下风侧15m内形成高粉尘浓度连续分布带，且在逆风割煤时扩散至人行道空间的粉尘增多。

6.1.2 移架产尘

液压支架在工作面内数量众多，移架和放煤工序在综放工作面内的产尘量达到30%左右，因此，必须了解其粉尘产生的原因及特点才能更好地进行粉尘防降尘。

液压支架移架时，顶梁与煤层顶板相互摩擦及挤压，导致顶板破碎，形成粉尘落下，对工作面造成污染。移架产尘的主要原因有：

(1)液压支架降柱时，顶梁脱离顶板，大量碎矸掉下，其中的粉尘大部分进入风流。

(2)液压支架前移，顶板冒落或碎矸移动，在支架后部也会扬起大量的粉尘。

(3)液压支架前移过程中，顶梁和掩护梁上的碎矸会从架间缝隙中掉下，使粉尘进入风流中，都会使工作面风流严重污染。

影响移架产尘的因素有：

(1)在移架过程中反复升降支架，导致支架上方的煤体破碎严重，增大了煤屑、粉尘等沿支架之间的缝隙下落的频率。

(2)移架时架间间隙是决定尘源大小的因素之一，间隙过大，顶板粉尘下落面积扩大，产尘量大幅度增加。

(3)综放工作面采高越高，支架上方煤屑和粉尘在下落过程中与气流发生的剪切作用时间越久，尘化作用越激烈，移架时产生的粉尘浓度越高。

结合移架产尘的原因、影响因素及现场移架时的粉尘浓度特征可知，移架具有产尘点多、产尘量大、分散度高等特点，同时受采高影响且粉尘大部分集中在顶梁附近，即处于采煤主风流区内，所以极易扩散，影响严重。

移架时，粉尘浓度在顶梁下方激增，在下风侧0.5m左右达到最大值，在风流和重力作用下粉尘自移架处下风侧不断扩散和沉降，粉尘浓度逐渐降低，下风侧3m之后逐渐趋于稳定。产生的部分粉尘直接落入人行道上部空间，对人行道及沿程造成恶劣影响。

6.1.3 放煤产尘

由于综放工作面液压支架上面的煤炭在顶部煤岩体的压力作用下会破碎,在进行放煤工序时掷落、撞击等作用会产生大量粉尘,产尘部位在液压支架后部刮板输送机处,在放煤作业初始阶段产尘量极大且分散度较低。根据测定,在放煤瞬间,放煤口处粉尘浓度可达数千毫克。与支架前部相比,支架后部风流因零部件多、阻碍作用大而减小,但在后部刮板输送机处有一较宽阔的连通空间,未被沉降的粉尘易随风流沿该通道向下风侧邻架扩散,部分粉尘仍可扩散至人行道靠近支架立柱一侧。

6.1.4 转载点、破碎机处的喷雾降尘

转载点和破碎机通常是运输顺槽内的主要尘源,其产尘量占工作面粉尘总量的 10%左右。各转载点处碎煤和粉尘由上至下滚落,而破碎机则对大块煤炭进行破碎,这两个过程中产生的粉尘均为细微粉尘,在风流作用下出现局部煤尘飞扬。该部分粉尘因其粒径小,长期悬浮较难沉降,一般随风流进入工作面污染整个工作空间。在端头下风侧 5m 处测定发现,转载、破碎等工序产生的悬浮细微粉尘浓度在 $10 \sim 337 mg/m^3$,因采用的防降尘措施不同而有差异。

6.2 综合防降尘措施

实践证明综放工作面内实施单一措施很难将煤尘控制在《煤矿安全规程》允许的范围内,因此必须根据不同的生产条件和产尘特点,以各产尘点产尘量及产尘特征为防治基础,以"减、降、隔、除、护"五位一体为治理理念,采取标本兼治思路[4],综合运用多种防尘技术,对矿井现有降尘措施进行补充和优化。

6.2.1 煤层预注水

煤层注水是利用水预先湿润煤体,在煤层开采之前,通过钻孔向煤体注入压力水,使其渗入煤体内部,增加煤的水分和尘粒之间的黏着力,降低煤的强度和脆性,增加煤的塑性,从源头上抑制粉尘产生的一种根本有效措施。其防尘机理如下:

(1)将湿润煤体内的原生煤尘黏结为较大的尘粒,使之失去飞扬的能力。

(2)有效包裹煤体的每个细小部分,当煤体在开采中被破坏时,避免细微煤尘颗粒飞扬。

(3)水的湿润作用可改变煤体的岩石力学性质,降低其内聚力和内摩擦角,使其塑性增强,脆性减弱。当煤体受外力作用如截割、破碎、撞击等时,许多脆性破碎形变转为塑性形变,可降低煤体破碎为尘粒的可能性,减少煤尘产量。同时

软化煤体,可减少大块煤跨落造成冲击产尘的可能性。

水进入煤体后,沿煤体中大小裂隙不断扩散,注水压力增高或脉冲式注水可使水在煤体裂隙中的扩散速度加快,毛细作用力使水慢慢渗入煤体内部,润煤效果达 70%~80%;改变煤体的物理力学性质,从煤层内部控制粉尘的优良效果是一般防尘措施无法达到的;增加煤尘含水率对粉尘浓度分布有较大的影响,在一定范围内,煤尘含水率越低,工作面粉尘浓度越小,特别是对下风侧细微粉尘的沉降有明显作用。正确地采用注水防尘,煤尘的产生量比采用其他防尘措施时低 3~4 倍,落煤效率可提高 25%左右。同时,煤层注水可加入降尘剂等化学剂提高煤体湿润程度和降尘效果。

在综合防尘技术体系中,煤层注水降尘技术已经成为工作面粉尘防治的重要手段。对于综放工作面,煤层注水是从根本上解决产尘源、降低产尘量的一种积极主动的措施;从超前预防角度来讲,减少粉尘产生比其他防尘技术具有更积极的意义。

6.2.2 通风除尘

通风除尘是指通过风流的流动将井下作业地点的浮尘稀释与排除的一种排尘方法,其除尘效果随风速的增加而不断增加,达到最佳效果后,若再增大风速,则效果开始减弱。因此,综放工作面选定合理的风速将有利于降尘。

综放工作面内风速增大,粉尘浓度总体先减小后增加,说明风速的增大加大了对尘源粉尘的吹扬作用,促进了粉尘向下风侧空间的扩散,增加了下风侧的粉尘浓度,同时也加快了粉尘的排出,总体来看降低了工作面粉尘浓度。对于移架来说,产生的粉尘是从工作面顶板向底板下落的过程,相比于采煤机割煤、放煤、转载机及破碎机产生的粉尘下落的高度较大,全部粉尘都要经过风流的吹扬,因此风速越大,粉尘被吹散得越快,越有利于移架产尘的扩散和排出。通过测定发现,风速越大,移架及放煤产生的粉尘浓度达到稳定的距离越短且浓度值越低。但当风速超过一定程度时,风速过大而引起的二次飞扬效果超过排尘效果,造成工作面粉尘浓度增加,细微粉尘及呼吸性粉尘难以沉降,一般来说工作面风速在1.5~2.5m/s 时排尘效果较好,根据综放工作面产量高、瓦斯涌出量大等特征应控制工作面内风速不高于 2.5m/s,以保证除尘效果。

6.2.3 喷雾降尘

目前,国内外综放工作面采取的除尘措施主要有煤体预注水、喷雾等,喷雾降尘是在压力作用下将水化成细微水滴喷射于空气中,与粉尘碰撞接触,尘粒被水雾捕捉而附于水滴上或者湿润的尘粒互相凝集成大颗粒,从而加速其沉降,使之尽快变为落尘。喷雾除尘因具有设备简单、造价低、维修少、管理工作量小而成为主要的除尘措施。

综放工作面喷雾降尘主要有 3 种方法：引射风流、捕尘降尘和预湿煤壁。文丘里和伞形喷嘴适于引射风流，主要应用于采煤机外喷雾；锥形和伞形喷嘴适于捕尘降尘，可以应用于采煤机外喷雾和液压支架喷雾；束形和扇形喷嘴预湿煤壁效果较好，适于采煤机内喷雾。因此，不同的位置可以通过选择不同型号的喷嘴达到最佳防尘效果。

根据粉尘治理原则，最佳粉尘防治位置在尘源处，在粉尘未发生大范围或完全扩散时，因其较为集中，防治工作量少、成本低且治理效果最佳。结合综放工作面各产尘点的产尘量及产尘特点采取以下降尘措施。

6.2.3.1 采煤机内喷雾

采煤机内喷雾是将喷嘴直接布置在滚筒截齿周围，布置方式较多，如安装在螺旋叶片上、齿座上或截齿上等，喷射方向也分为对着齿尖、齿背等统一或交叉多重形式，以安装在螺旋叶片上正对截齿齿尖喷射为例，如图 6-1 所示，距离截齿较近且在截齿下方，不易被砸坏。内喷雾喷嘴距离截齿近，雾化水直接喷射至截割部位，能在粉尘产生的初始阶段进行沉降，据统计其降尘效率较外喷雾效果高 30% 左右，除尘效果好，耗水量少，冲淡瓦斯、冷却截齿和扑灭火花的效果也比较好。

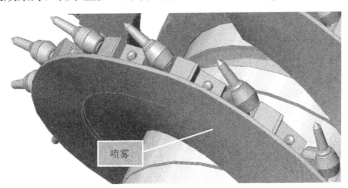

喷雾

图 6-1 采煤机内喷雾喷嘴布置示意图

采煤机工作时在滚筒周围形成一层喷雾包围区，该喷雾区雾化水滴与煤尘不断发生碰撞、湿润、凝聚、结合，使粉尘不断增重而沉降，从而达到降尘灭尘效果。同时可以起到预湿煤壁的效果。

但内喷雾效果在现场实际运用中的效果并不理想，主要出现的问题是电机冷却水到达喷嘴的过程中，经过摇臂、滚筒、旋转轴等内部水路，转接次数较多造成组合水封损坏出现油水混合等情况，以及水质较差，水压受电机耐压(不超过2MPa)限制等因素经常出现完全堵塞，维修困难，严重影响正常生产；喷嘴在实际生产中与煤体近距离接触，安装位置决定了其使用寿命，很多情况下，喷嘴在生产时因撞击发生损坏甚至是变形，导致无法更换，因此工作面采煤机附近生产时粉尘浓度经常达到数千毫克。

对采煤机内喷雾的系统优化主要集中在对喷嘴的布置形式、内喷雾水路的改造及喷雾用水质量的提高两个方面。一是将喷嘴布置在截齿下方，防止在生产中与煤体产生撞击，安装示意图如图 6-1 所示。二是将电机冷却水专门用作机身外喷雾的辅助降尘，由于外喷雾喷嘴口径较大、更换方便，可以保证喷雾系统的可靠性。同时，在工作面顺槽内将来自于地面的静压水加压至 4～5MPa，并通过高压胶管引向采煤机，通过三通阀等直接向左右滚筒供给高压水，避免了内喷雾系统受其他系统的影响，可保证内喷雾系统的稳定性，优化后的高压水使内喷雾具有良好的扩散和雾化效果且可以减少喷嘴堵塞情况。三是将矿井水进行再次净化，选用 XPB250/55 型喷雾泵和 XPA 型过滤器组，将在地表过滤后的静压水进行二次过滤和加压，实现多级过滤，不仅可减少内喷雾的喷嘴堵塞情况，同时还可以提高其他喷雾系统的可靠性，其设备布置如图 6-2 所示。

图 6-2　多级过滤及增压示意图

6.2.3.2　采煤机外喷雾

采煤机外喷雾除尘是在工作机构的悬臂上装设多组喷嘴，向截割头喷射压力水雾，将截割头包围。综合利用雾滴的凝聚作用、拦截捕尘作用及扩散捕集作用进行喷雾降尘。外喷雾还可在采煤机的一侧形成雾滴水幕，防止粉尘向人行道一侧扩散。外喷雾常出现的问题有：

（1）水压低、喷雾方式及喷嘴布置方式不当。导致外喷雾雾化效果差，无法完全覆盖整个滚筒，割煤粉尘无法完全包裹，除尘效果差；逆风割煤时风流受到采煤机阻碍、前滚筒高速旋转和逆风喷雾等原因，往往会在采煤机前段产生强烈的涡流，致使大量的高浓度含尘气流扩散到采煤机司机作业空间。

（2）安装位置受到限制，很多采煤机在出厂时采用了内喷雾降尘装置，外喷雾装置只能通过其他方式固定在采煤机上，安装极其困难，在使用过程中极易被煤体砸坏，使用寿命不长。

(3) 采煤机外喷雾只针对滚筒产尘进行处理，无法处理滚筒前方的片帮产尘和煤体跨落冲击产尘，而这一尘源对司机位置粉尘浓度影响极大。

(4) 综放工作面风量大、风速高，喷嘴逆风喷雾易受风流的影响，抗风能力差，雾粒难以到达滚筒。

针对上述问题，对采煤机外喷雾进行以下优化改造。

1) 调整采煤机原外喷雾喷嘴的布置方式

采煤机外喷雾利用采煤机截割电机冷却水的特点，在对滚筒产尘沉降过程中起引导风流的作用，因此将工作面经过采煤机的风流限制于煤壁与采煤机之间，可防止经过滚筒的高浓度含尘气流因机身等设备阻碍向人行道等空间扩散，具体布置如图 6-3 所示。因截割电机、摇臂的阻挡，在风流经过时部分风流携带截割产尘、落煤产尘向机身上方和人行道处运移，而低水压的外喷雾抗风能力差无法对其进行完全覆盖和沉降，专门增设向摇臂下方及截割电机前方的外喷雾效果一般，一方面增加机组喷雾用水量，降低煤质；另一方面扰乱机身前方气流，伸含尘气流易在尘源处发生扩散，控尘防尘难度增大。因此加设挡风壁(控尘帘)，以阻挡机身前方风流向其他空间扩散。

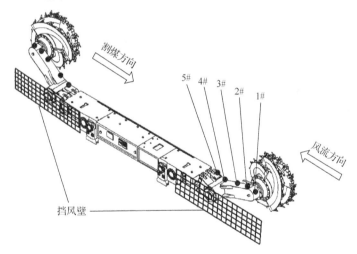

图 6-3 采煤机外喷雾喷嘴布置优化图

2) 采用采煤机高压外喷雾降尘技术

从喷嘴出水口喷射出来的雾流在一定空间内形成两个区域，第一个区域称为有效作用区，在这一区域内，水雾粒的速度很大，重力对它产生的影响可以忽略不计；第二个区域为衰减区，在该区域内，水雾粒的速度开始减小，并开始下沉。

不同喷雾压力下的雾流形态差异较大，低压喷雾的雾流最开始是密集的，之后受空气阻力的作用，逐渐分散成向平行于射流轴方向运动的微小水雾粒。水雾粒远离喷嘴口一定距离之后，其速度逐渐减慢，并且开始沉降，进入衰减区，如图 6-4(a)所示。高压喷雾雾流形态与低压喷雾明显不同，水雾流从喷嘴口喷射出来之后，在非常短的距离内都会分散成水雾粒，在雾粒后形成一股气流，受水压和气流的双重作用，水射流中的雾粒继续向前运动。当喷雾压力达到 6MPa 时，就会有较强的含尘气流被卷入雾区；当喷雾压力超过 10MPa 时，水射流速度的进一步加快使得周围空气被大量带走，形成负压区，从而形成强烈的卷吸作用。由于水雾流在射流的全范围内，向前运动速度均超过了下沉速度，不会出现类似于低压喷射时明显的衰减沉降区，如图 6-4(b)所示。

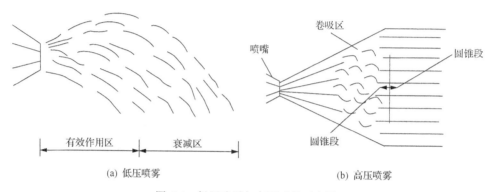

(a) 低压喷雾　　　　　　　　　　　　(b) 高压喷雾

图 6-4　低压喷雾与高压喷雾示意图

高压喷雾降尘过程较为复杂：由于高压水雾在装置内形成活塞，带动装置进风端空气流动，形成负压场，此时可将含尘气流吸入风筒内，使粉尘与水雾碰撞、结合；由于采用高压水进行喷雾，水雾效果好、速度快、射程远，对粒径较小的粉尘沉降效果较好。

采煤机负压二次降尘技术装备包括清水箱、高压胶管、BP 型高压雾泵等。研究表明在 10MPa 条件下，喷嘴口径为 1.5mm 时，喷嘴的雾流速度可达 80m/s 以上，形成水雾活塞的效果极好。因此，利用 BP 型矿用喷雾泵将矿井静压水增压至 10MPa，供采煤机二次负压降尘装置喷雾，高压水雾流喷向截割滚筒处，与粉尘充分混合，在截割和落煤区形成密实水幕，覆盖整个滚筒，黏结割煤和落煤过程中的粉尘，达到高效降尘。一般来说，使用采煤机高压外喷雾降尘装置可使作业面总粉尘浓度降低 70%～80%，结构简单，成本低廉，容易安装操作，工作稳定，使用寿命长，应用广泛。

6.2.3.3　液压支架喷雾

液压支架架间喷雾是控制移架、放煤和采煤机截割产尘的主要措施。移架过程中产尘量较大，所产生的呼吸性粉尘占采煤机司机位置的 31%。结合液压支架产尘特点及粉尘运移特征，为更好地抑制工作面粉尘，减少移架工劳动强度及保证喷雾系统的可靠性，可采用加装架间喷雾装置(图 6-5)和液压支架自动喷雾降尘技术。

图 6-5 新疆准南东煤矿 W1141 综采工作面架间喷雾

液压支架自动喷雾降尘系统主要由液压支架自动控制阀、喷雾架和高压管路等组成(图 6-6)，其工作流程如下：在综采工作面液压支架上，每隔一定距离布置一个红外接收装置和一个从控制器，并将它们分别编号，并在采煤机机身上安装一个红外发射器。当采煤机运行到某一位置时，位于支架上的红外接收器接收到采煤机上发射的红外信号，由从控制器对该信号解码后，将本节点的位置信息上传给主机，主机对采煤机正处在某一支架的附近进行判断，并将采煤机所在位置的从控制器的编号用数码管显示出来；下传相应的命令给从控制器，从控制器接到命令后，控制电磁阀打开，进行喷雾降尘；当采煤机运行到下一个安装有红外接收装置的支架处时，主控制器再次接收到信号，重新判断采煤机的位置，关闭当前电磁阀，打开相应位置的电磁阀，如此依次进行。整个过程无需人员干预，系统实现了智能化运行，提高了工人的劳动效率。

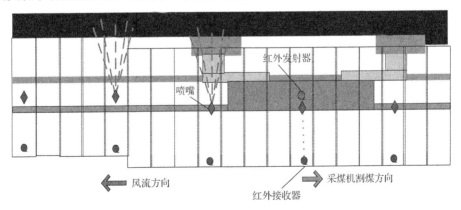

图 6-6 液压支架自动喷雾降尘系统示意图

自动喷雾降尘系统之间相互独立，可接受两种喷雾开启信号：一种是当采煤机在上风侧割煤时机身上方红外线信号发射器发射的信号，另一种是在移架时顶梁上方红外线信号探测器捕捉到的人体红外信号。信号接收后整个系统的喷雾尘打开，对移架、收放护帮板、放煤等工序进行针对性的、全断面拦截式喷雾降尘。

液压支架自动喷雾降尘系统具有双重控制特点，在根据红外信号自动喷雾的基础上增加手动喷雾降尘。当红外线信号接收器受损或主控箱等出现故障无法识别信号或打开喷水电磁阀时，为保证生产可用短时人工控制喷雾，即通过手动开关对喷雾系统进行供水，同时如果工作面粉尘较高可在无信号源情况下开启喷雾，系统稳定性及适用性较好。另外，该系统杜绝了在生产时喷雾开启不及时、不全面及高频率使用手动开关造成的漏水情况。

6.2.3.4　放煤口喷雾

液压支架放煤引起瞬间产尘量大、扩散快、工序时间长等，为综放工作面粉尘的主要尘源之一，其产尘量大小与顶煤性质和直接顶条件有密切关系。顶煤、顶板强度越大，产尘量越小；放煤厚度越大，产尘量越高；支架后方空间的大小影响着粉尘的分布运移，在放煤窗口周围空间大，放煤时粉尘浓度高，影响范围可达到20m。

支架原喷雾装置安装过低，且喷嘴安装角度不当，喷雾不能覆盖整个放煤口，这样对放煤除尘不利，而且在生产过程中喷雾装置易被大块煤炭损坏。因此，喷雾装置安装位置较高，且喷雾完全覆盖整个放煤口和落煤区域，形成密实的水雾包围区，并且要在放煤自动喷雾的同时，开启其下风侧邻近的架间自动喷雾，如图6-7所示，应用喷雾水幕封堵放煤逸尘的扩散并使其沉降。

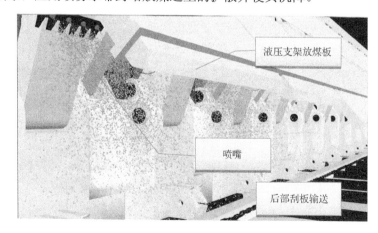

图6-7　放煤口喷雾布置示意图

6.2.3.5　转载点及破碎机喷雾

转载点和破碎机通常是运输顺槽内的主要尘源。各个转载点，碎煤和粉尘由上往下滚落，细微粉尘被风流吹起，产生局部煤尘飞扬。这部分粉尘在风流作用下运载至工作面内且分布范围较广，防治难度极大，因此必须在尘源处进行沉降。

转载点或破碎机处煤尘飞扬和治理一是定点喷雾，综放工作面内有两部刮板输送机，在煤炭转运过程中产生的粉尘量大，为解决转载产尘，在转载点上方安装一组实心锥形喷嘴(4个)，呈45°角斜对尘源，如图6-8、图6-9所示。这样可提高雾粒和煤尘尘粒碰撞概率，提高水雾降尘效果。二是在转载点或破碎机处安装防尘罩，将产生的粉尘局限在输送机内部狭小空间内，防止产生的粉尘向工作面内逸散，控尘效果好，降尘效果明显。三是采用转载点和破碎机处的喷雾供水管与采煤机内外喷雾供水管和移架放煤供水管分开，保证转载点和破碎机处喷雾的用水量和用水压力，提高降尘效果。

图 6-8　前刮板输送机与转载机连接处喷雾(去掉封闭罩)示意图

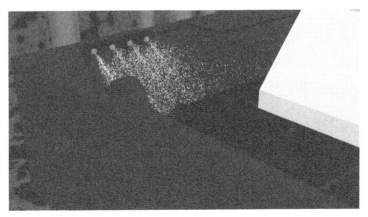

图 6-9　后刮板输送机与转载机连接处喷雾(去掉封闭罩)示意图

转载点处喷雾优化时引用自动喷雾技术，即在转载机上安装触控自动喷雾装置，主要有机械式触控传感器、电磁阀、手动阀门、三通阀等，当工作面开始生产时，输送机及刮板输送机启动，煤炭被运至输送机内，运输过程中煤炭带动机械式触控传感器，喷雾自动开启，停止生产时喷雾关闭，实现即时开关，既有利于除尘，又保证节约用水、提高煤炭价值和降低工人劳动强度。在大屯煤电(集团)有限责任公司某矿应用上述措施后，实测其转载点的产尘量为 24.13mg/m³，破碎机的产尘量为 14mg/m³。

6.2.3.6　净化水幕

进风顺槽内煤炭运输采用定点喷雾，对带式输送机上部煤炭进行湿润，防止其在与风流逆向运输时产生浮游粉尘，破碎机、桥式转载机等优化后均加装防尘罩和喷雾等，但仍会产生少量粉尘，且这部分粉尘一般粒径较小，其中大部分为呼吸性粉尘，沉降难度较大。工作面内每个产尘工序喷雾降尘措施都取得了较好的防尘效果，但都未能将粉尘完全捕捉沉降，逃逸的粉尘随风流不断向下风侧运动，弥散、扩散至整个工作面，这部分粉尘粒径小，加之工作面风速较大等因素，很难依靠重力作用进行沉降。根据《煤矿安全规程》要求，在进、回风顺槽采用净化水幕措施防止粒径小、危害大的逃逸粉尘进入综放工作面或离开综放工作面。

综放工作面进风顺槽距工作面 50m 处安设两道水幕；回风顺槽内距工作面端头 20m、30m 处各安设一道水幕，净化顺槽内风流中的粉尘，其具体安置如图 6-10 所示。

图 6-10　进、回风顺槽净化水幕安装位置示意图

进、回风顺槽内的粉尘大多是小粒径粉尘($\leqslant$10μm)，尤其是呼吸性粉尘所占比重极大，受风流扰动明显，沉降难度大。对以往全断面水幕进行优化，通过水管、钢架及三通阀等组成净化水幕喷雾的防尘水路，其在断面内的安装位置如图 6-11 所示；根据已有研究表明，喷雾降尘效率与水雾粒径密切相关，一般来说水雾粒径是所能捕捉粉尘的最小粒径的 10 倍左右。需要与降尘相适应的水雾对粉

尘进行有效沉降。而水雾粒径的大小与水压有密切关系，因此为提供降尘所需细微水雾，使用 4MPa 的压力水。

图 6-11　新疆准南东煤矿 W1141 综采工作面回风巷降尘水幕

水压提高后，净化水雾射程远、雾粒分布均匀、覆盖面较广且水雾喷出后在一段距离内完全充斥于顺槽内，与尘粒接触时间长，降尘效果明显。该装置以钢管为骨架，具有良好的支撑性能，保障了净化水幕可以覆盖整个断面。根据骨架上的悬挂装置将净化水幕安装在巷道顶梁等位置，有利于随工作面推进移动安装，可节省人力、提高工效。

6.3　个体防护

国内外大量现场测量调研表明，在综放工作面内，虽然采取多种行之有效的措施，防降尘效果明显，但工作场所的特殊性和综放产尘环节多，较难保证达到国家卫生标准，甚至个别地点仍远超卫生标准，因此个人防护是通过佩戴各种防护面具以减少吸入人体粉尘的最后一道措施。

个体防护是指劳动者在职业活动中个人随身穿(佩)戴特殊用品，这些用品能消除或减轻职业病危害因素对劳动者健康的影响。我国个体防护的防尘用具主要包括防尘面罩、防尘帽、防尘呼吸器、防尘口罩和防尘服等。综放工作面内常使用过滤式防尘口罩阻止粉尘进入人体，如图 6-12 所示，其作用是将含尘气流中的粉尘滤料滤掉，给人体提供清洁空气，这种设施结构简单、使用方便、成本低、性能好，结合上述各防尘措施在保证工作面环境的基础上为工人身体健康保驾护航。

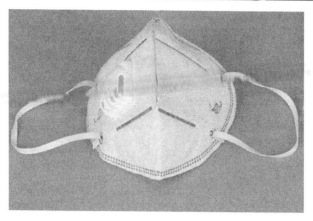

图 6-12　矿用防尘口罩

　　该型号防尘口罩可折叠、透气性较好、多层过滤且内部存在一层活性炭过滤层，对细微颗粒的阻隔效果较好，侧面冷流呼吸阀可减少呼吸中湿气积聚，上部可以完全贴和鼻梁，减少粉尘侵入，与老式口罩相比具有良好的视野范围，从而保证了安全生产。

参 考 文 献

[1] 帕提古丽·乃吉米丁, 帕它木·莫合买提, 热沙来提·瓦衣特, 等. 1985 年至 2006 年新疆新发尘肺诊断病例的分析[J]. 环境与职业医学, 2010, 27(2)：70-73.

[2] 王黎, 董秀明, 李清华. 2007-2015 年乌鲁木齐市某大型煤炭企业新发尘肺病病例分析[J]. 职业与健康, 2016, 32(17)：2326-2329.

[3] 吕品, 盖勇, 梁凡. 综采放顶煤工作面粉尘的综合防治[J]. 淮南工业学院学报, 1999, 19(3)：63-67.

[4] 王晋育, 冉文清, 张延松. 煤矿综采放顶煤工作面高浓度粉尘的综合防治[J]. 中国安全科学学报, 1999, 9(1)：9-13.

7 新疆煤炭企业事故应急救援

2005 年，新疆阜康神龙煤矿 "7·11" 特别重大瓦斯爆炸事故中有 83 名矿工遇难，是历史上新疆最大的煤矿事故。事实上，7 月 8 日就已有迹象表明该矿井下瓦斯浓度大幅超标，而在事故发生前的 3～4 个小时，井下瓦斯浓度已高达 2%～3%，但该矿缺乏事故应急救援预案，煤矿调度员接到汇报后，既未向矿领导汇报，也未采取有效措施进行处置，同时，总值班岗位人员脱离，致使该岗位无人指挥应急处理，最终造成 7 月 11 日凌晨 2 时 30 分左右发生特别重大瓦斯爆炸事故。事实上，我国煤矿一直要求制定《矿井灾害预防和处理计划》（以下简称《计划》），针对煤矿易发生的各类事故，提出事故预防方案、措施和对事故出现的影响范围、程度的分析，事故处理的相关措施和人员的疏散计划，也就是说，过去的煤矿事故预防处理计划几乎承担了矿井应急救援预案全部的内容。但是，《计划》并不等同于应急救援预案[1]。

7.1 矿井灾害预防和处理计划

7.1.1 《计划》制订的必要性

众所周知，具体的、可操作性强的《计划》，不仅可以提前以充裕的时间分析对比各种救灾方案的可靠性和可操作性，还可以通过安全教育培训使职工实施救灾、自救、控风、撤人等各项措施，从而有助于救灾决策的实施。因此，为了防止事故发生，并在一旦发生事故时能有效地阻止事故扩大和迅速抢救人员，《煤矿安全规程》第九条规定："煤矿企业必须编制年度灾害预防和处理计划，并根据具体情况及时修改。灾害预防和处理计划由矿长负责组织实施。"《计划》必须贯彻预防为主的方针，应能起到防止事故发生，并且一旦发生事故时，能有效防止事故扩大和迅速抢救受灾遇难人员的作用。

评价《计划》最重要的标准可以用一句话来表示，即发生灾害时是否能用它作为重要的决策参考依据。然而，近年来发生的重特大事故暴露出煤矿企业在矿山应急救援和灾害处理方面普遍存在较多薄弱环节：

(1)大部分矿井虽然制订了《计划》，但其不够完善，缺乏执行演练等内容。《计划》仅仅只能用于应付检查，而不能为重大灾害发生后的救灾决策和实施提供重要参考。

(2)以往在针对火灾、爆炸等热动力灾害制定《计划》时一般仅靠定性分析，

《计划》制定的比较简单，未能针对具体地点发生的灾害提出针对性的《计划》。或者仅仅针对容易预见的灾害提出预防及处理措施，如工作面防火、防爆、防突等的预防，而对于皮带运输巷的皮带等可燃物的防火预防却考虑得很小，当然更未确定人员的撤退路线。

（3）《计划》仅针对各种灾害提出预防及处理措施和人员撤离路线，未能针对不同的易发生灾害地点发生爆炸、火灾等灾害时，对通风系统、风流状态的影响进行分析，提出不同的具体预防及处理措施、不同的控风措施和人员撤离路线，因此对灾害预防及处理的具体措施参考意义不大。特别地，《计划》仅粗略地指出灾害发生区域人员的避灾路线，没有具体分析计划中的避灾路线在灾害发生时是否安全；实际上，人员撤退路线与灾害发生时期的控风措施的实施具有很大的关系，不考虑控风措施的实施，凭借经验制订的人员避灾路线和撤退路线是不科学的，在实际事故发生时的应用价值非常小，也难以真正为现场事故救灾处理提供技术支持。例如，某矿在制订《计划》的过程中，编写的某个采煤工作面发生瓦斯、煤尘爆炸事故及火灾时，事故避灾路线为：×××工作面→运输顺槽→东三西运煤巷→提料斜巷→东三运输大巷→井底车场→副井→地面。这些避灾路线只能大略指导人员撤退的方向，但是，火灾发生时烟流流动的方向和蔓延的范围是否已经侵害了人员撤退的路线，什么时间会对撤退人员造成伤害，这些在该避灾路线中均未体现，一旦发生事故，很可能因为烟流侵害了撤退路线而引起撤退人员的伤亡。

（4）在防治突发事件，把安全区域转变为存在重大隐患区域的致灾危险性和原发性灾害诱发继发性灾害方面也普遍存在较大隐患，特别是对爆炸和煤尘爆炸的《计划》主要针对原发性灾害的预防和处理，没考虑事故破坏对通风系统造成的紊乱影响和继发性灾害的防治。使《计划》仅能应付检查，不能真正达到控制、减少事故损失的目的。例如，在某矿难中，掘进工作面瓦斯突出，逆风流进入进风轨道大巷，遇到架线电机车产生的电弧火花引发了继发性瓦斯爆炸事故。如果在《计划》中能够考虑到通风设施可能被破坏的情况，在工作面附近的进风侧适当位置安置监测设备，提前报警切断一切电源那么这次灾难就能避免。

7.1.2　《计划》的组织编制、审批与管理

《计划》必须由矿总工程师负责组织通风、采掘、机电、地质等单位有关人员编制，并有矿山救护队参加，还应征得矿安全监察站同意，并在每年开始前一个月报集团公司总工程师批准。在每个季度开始前 15 天，矿总工程师应根据井自然条件和采掘工程的变动等情况，组织有关部门进行修改和补充。批准的《计划》由矿长负责组织实施。

已批准的《计划》应立即向全体职工(包括全体矿山救护队员)贯彻，组织其

学习，并使其熟悉避灾路线。各基层单位的领导和主要技术人员应负责组织本单位职工学习，不熟悉《计划》有关内容的干部和工人，不准下井工作。《计划》如有修改补充，还应组织职工重新学习。每年必须至少组织一次矿井救灾演习。对演习中发现的问题，采取措施，立即改正。

7.1.3 《计划》的编制

每个矿井的《计划》内容，应根据该矿井的地质条件和自然因素，针对瓦斯积聚、喷出，煤(岩)与瓦斯(二氧化碳)突出，煤尘积聚，自燃发火，外因火灾，透水，冲击地压，顶板大面积冒落等事故发生的可能性，做出估计，编制有针对性的预防和处理措施，预计不可能发生的灾害可不编制。《计划》由灾害预防和灾害处理两部分组成。

(1)灾害预防部分主要在于总结归纳矿井可能发生的各种灾害事故的多发地段(地点)、预兆及其他可遵循的规律，并根据可能出现的灾害，提出切实可行的预防措施，包括组织措施、技术措施和必要的设施、设备、器材等物质准备或购置计划，并列出对各种灾害专管人员的组织系统表，落实到人。

(2)灾害处理部分的主要内容包括处理事故人员的侦察方法、保证人员安全撤出的措施，以及有关附录资料。

对于具有复杂通风网络的现代化矿井，编制《计划》较复杂，特别是《计划》中处理事故的措施很难确保无误。为此可利用计算机编制事故处理计划，根据输入的有关开采工作的动态信息解答下列问题：

(1)针对矿井各种灾害容易出现的区域，按照不同灾害发生的地点、特点，以及根据灾变状态的动态变化、破坏影响后果，分析提出有针对性的人员撤退路线，以及为保护撤退路线而采取的风流控制措施。确定矿工用最短时间沿着充满火灾气体的巷道从事故区和受威胁地区撤退到新鲜风流区的最短安全路线。

(2)计算各救护小队的最短行动路线，选定抢救人员的措施和初期阶段处理事故的方法。

(3)计算火灾发生后的通风稳定性，选取防止风流逆转的措施等。

除此之外，还可以在生产中采用一套用计算机分析和选择事故发生时通风工况的程序，随时确定火源气体成分、爆炸危险性、火风压的最大值和进入火源的合理风量，分析灭火技术设施的预定能力、所用灭火材料的类型等。可以利用矿井全风网动态模拟软件 MFIRE 对可能发生的热动力灾害进行数值模拟，用定量计算来分析不同灾害处理计划的可执行性，找出现有《计划》的不足之处，制定出比较完善的《计划》，提高矿井抗灾能力，减少及控制事故造成的损失。

现以××煤矿西翼皮带大巷发生火灾时，对通风系统、风流状态的影响，以及实施风流控制措施为例，介绍编制《计划》应考虑的内容。

假设火灾发生在西翼皮带大巷中部，监测系统显示火源温度为 620.75℃，回风流中一氧化碳浓度为 2000ppm、氧气浓度为 16%，为富氧燃烧。如果不采取控风措施，火灾发生 5min 后将威胁到抽排泵站，7min 后就会威胁到采区下部变电所和 1782(1) 备用工作面；火灾发生 11min 时就会威胁到 1481(3) 工作面。尽管烟流到达工作面时温度已经下降，但一氧化碳浓度仍很高。为保证安全，需要采取一定的控风措施，尽量使烟流不流经上述工作地点，或延缓烟流到达上述工作地点的时间。由于该巷道是西二主要进风大巷之一，按一般思维施行全矿反风是最安全的措施，可是全矿反风的实施复杂费时，从开始实施反风到所有巷道风向发生改变大概要半个多小时的时间，从模拟结果看在这段时间内烟流早已到达临近工作地点，全矿反风的意义已经不大。同时全矿反风还存在进风侧人员的撤退等很复杂的问题，所以应首先考虑局部控风方案。利用定性分析完全打开节点⑪②—⑯上的风门，造成短路让烟流直接进入回风系统，同时完全打开节点⑥—⑪上的调节风门增加节点⑪—⑫⓪的风量，推动烟流尽快进入回风系统。

利用 MFIRE 对该方案进行计算机模拟，发现节点⑥—⑫、⑪②—⑫⓪、⑩⓪—⑥发生风流反向，这时烟流直接进入回风系统，不会威胁到任何工作地点，为工作地点的人员撤离创造了很好的条件。控风前后烟流流动图如图 7-1 所示。

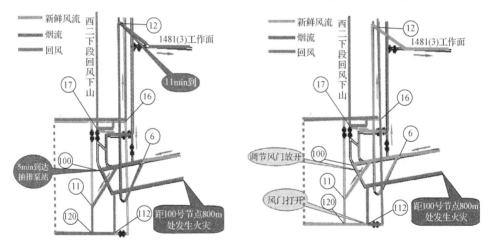

图 7-1　西二运输大巷火灾采取控风措施后烟流流动情况(文后见彩图)

根据模拟结果，以下几个问题值得考虑：火灾发生后，下风侧抽排泵站、采区下部变电所能不能及时断电？烟流到达前风门能不能打开？工作面人员能不能在火灾发生后及时得到通知撤退？要解决以上问题先要有完善的监控系统，仅在机头、机尾安置探测装置是不够的，如上事故中，等烟流流经皮带机尾时才响应报警再断电撤人就已经来不及了；另外还需要有完善的通信系统并要求工作人员有较强的事故应变能力等,所以平时必须加强对工人控风、安全避灾知识的培训。

7.1.4 《计划》与煤矿事故应急救援预案的关系

《计划》是为了防止灾害的发生和一旦发生事故后,能使用预先制定的抢险救灾方案。它通过预见事故发生的可能性,周密拟定预防和处理事故所采取的技术措施,有预见性地把灾害防治工作做在前面,防患于未然,事故发生后,以期迅速消灭事故,保障工人生命安全,并使生产及资源不致遭受损失。而事故应急救援预案是指针对可能发生的重大事故(事件)或灾害,为保证迅速、有序、有效地开展应急与救援行动,降低事故损失而预先制订的有关计划或方案。它是在辨识和评估潜在的重大危险、事故类型、发生的可能性及发生过程、事故后果及影响严重程度的基础上,对应急机构的职责、人员、技术、装备、设施设备、物资、救援行动及其指挥与协调方面预先做出的具体安排。事故应急救援预案明确了在突发事故发生之前、发生过程中及刚刚结束之后,谁负责做什么,何时做,以及相应的策略和资源准备等。

从近几年发生的几起重大和特别重大事故可以看出,《计划》在灾害扩大后所起到的作用受到较大限制,而《计划》中对矿井灾变处理上报权限的规定,一般只能上报至企业领导和矿务局领导,对于特别重大事故的处理和上报时机的权限未做规定。当煤矿企业需要向高一级的管理部门申请援助时,应该按照事故应急救援预案的响应级别启动相应的高一级的应急预案。

实质上,《计划》是煤矿事故应急救援预案中的技术执行部分,在事故发生初期,企业启动应急救援预案的同时,就应该是利用《计划》展开人员救护行动,但当灾害扩大后,企业应该启动更高一级的应急救援预案。也就是说,《计划》需要与应急救援预案相互配合,才能发挥出更好的作用和效果。同时,编制灾害应急救援预案和《计划》时,往往可能发现事故预防体系存在的问题,应及时弥补,从而提高煤矿事故防治水平[2]。

7.2 煤矿事故应急救援预案的编制

7.2.1 煤矿事故应急救援预案的编制要求

煤矿事故应急救援应在遵循预防为主的前提下,贯彻统一指挥、分级负责、区域为主、企业自救与社会救援相结合的原则[3, 4]。应分类、分级制定预案内容,上一级预案的编制应以下一级预案为基础。矿山企业必须对以下潜在的重大事故建立应急救援预案:

(1)冒顶、片帮、边坡划落和地表塌陷事故;

(2)重大瓦斯爆炸事故;

(3)重大煤尘爆炸事故；

(4)冲击地压、重大地质灾害、煤与瓦斯突出事故；

(5)重大水灾事故；

(6)重大火灾(包括自燃发火)事故；

(7)重大机电事故；

(8)爆破器材和爆破作业中发生的事故；

(9)粉尘、有毒有害气体、放射性物质和其他有害物质引起的急性危害事故；

(10)其他危害事故。

煤矿事故应急救援预案的编制应体现科学性、实用性、权威性的编制要求。在全面调查的基础上，实行领导与专家相结合的方式，开展科学分析和论证，制定出严密、统一、完整的煤矿事故应急救援预案；煤矿事故应急救援预案的编制还应符合本矿的客观实际情况，具有实用性，便于操作，起到准确、迅速控制事故的作用；煤矿事故应急救援预案应明确救援工作的管理体系，救援行动的组织指挥权限和各级救援组织的职责、任务等一系列行政管理规定，保证救援工作的统一指挥，制定的预案经相应级别、相应管理部门的批准后实施。

煤矿事故应急救援预案在编制和实施过程中不能损害相邻单位的利益。如有必要可将本矿的事故应急救援预案情况通知相邻地域，以便在发生重大事故时能相互支援。

煤矿事故应急救援预案的编制要有充分的依据。要依据矿山企业危险源辨识、风险评价、矿山企业安全现状评价，应急准备与响应能力评估等方面调查、分析的结果，同时要对预案本身在实施过程中可能带来的风险进行评价。

切实做好煤矿事故应急救援预案编制的组织保障工作。煤矿事故应急救援预案的编制需要由安全、工程技术、组织管理、医疗急救等各方面的专业人员或专家组成，他们应熟悉所负责的各项内容。

煤矿事故应急救援预案要形成一个完整的文件体系，应包括总预案、程序、作业指导书、行动记录四级文件体系。

预案编制完成后要认真履行审核、批准、发布、实施、评审、修改等管理程序。

7.2.2 煤矿事故应急救援预案的编制步骤

完整、有效的煤矿事故应急救援预案，从搜集资料到预案的实施、完善，需要经历一个多步骤的工作过程。整个过程包括：编制准备，预案编制，审定、实施，预案的演练，预案的修订与完善5个大的步骤。

1)编制准备

(1)成立编写组织机构。煤矿事故应急救援预案的编制工作涉及面广、专业性强，是一项非常复杂的系统工程，需要安全、工程技术、组织管理、医疗急救等方面专业人才或专家参与。因此，需要成立一个由各方面专业人员组成的编写组织机构。

(2)制定编制计划。一个完整的煤矿事故应急救援预案文件体系，由总预案、程序、作业指导书、行动记录四级文件体系构成。内容十分丰富，涉及面很广，既涉及本矿的应急能力和资源，也涉及主管上级、区域及相邻单位的应急要求。因此，需要制定一个详细的工作计划。计划应包括工作目标、控制进程、人员安排、时间安排，并且要突出工作重点。

(3)搜集整理信息。搜集和分析现有的影响事故预防、事故控制的信息资料，对所涉及的区域进行全面调查。

(4)初始评估。对煤矿现有的救援系统进行评估，找出差距，为建立新的救援体系奠定基础。初始评估一般包括：明确适用的法律法规要求，审查现有的救援活动和程序，对以往的重大事故进行调查分析等。

(5)危险源辨识与风险评价。危险分析的目的是明确煤矿应急的对象和存在哪些可能的重大事故，以及其性质及影响范围，后果严重程度，为应急准备、应急响应和减灾措施提供决策和指导依据。危险分析包括危险辨识、脆弱性分析、风险评价，要结合国家法规要求，根据煤矿的具体情况进行。

(6)能力与资源评估。通过分析现有能力的不足，为应急资源的规划和配备，与相邻单位签订互助协议和预案编制提供指导。

2)预案编制

编制预案是一项专业性和系统性很强的工作，预案质量的好坏直接关系到其实施的效果，即事故控制和降低事故损失的程度。编写时按照煤矿事故应急救援预案的文件体系、应急响应程序、预案的内容及预案的级别和层次(综合、专项、现场)要求进行编写。

3)审定、实施

完成预案编制以后，要进行科学评价和实施审核、审定。编制的预案是否合理，能否达到预期效果，救援过程中是否会产生新的危害等，都需要经过有关机构和专家的评定。

4)预案的演练

为全面提高应急能力，对应急人员进行教育、应急训练和演习必不可少。应急演练应包括基础培训与训练、专业训练、战术训练及其他训练等，通过演练、评审为完善预案创造条件。

5)预案的修订与完善

预案的修订与完善是实现煤矿事故应急救援预案持续改进的重要步骤。煤矿事故应急救援预案是煤矿事故应急救援工作的指导文件,同时又具有法规权威性。通过定期或在应急演习、应急救援后对其进行评审,针对煤矿实际情况的变化及预案中暴露出的缺陷,不断地更新、完善和改进煤矿事故应急救援预案文件体系。

7.2.3 煤矿事故应急救援预案的编制内容

煤矿事故应急救援预案的编制要充分体现保护人员安全优先、防止和控制事故蔓延优先、保护环境优先,同时体现事故损失控制、预防为主、常备不懈、统一指挥、高效协调及持续改进的思想[5]。

7.2.3.1 应急预案概况

应急预案概况是煤矿事故应急救援预案编制的基础,是应急准备、响应的前提条件,同时又是一个完整预案文件体系的一项重要内容。在煤矿事故应急救援预案中,应明确煤矿企业的概况、危险源状况等,同时对发生紧急情况下应急救援事件、适用范围等提供简要描述,并作必要说明,如明确应急方针与原则,作为开展应急救援工作的纲领[6]。

7.2.3.2 事故预防与应急策划

事故预防与应急策划是根据煤矿企业存在的潜在事故、可能的次生与衍生事故进行危险分析与风险评价,以及对事故应急救援时的资源分析、法律法规要求进行分析等,为提出相应的预防和控制事故的措施提供方向和基本保障。

(1)煤矿重大事故的危险分析与风险评价,必须从重大事故的危险源辨识开始,只有找出煤矿中的重大事故危险源才能对其进行评价与分析,并最终以风险等级(也称为危险等级)来表示风险评价结果。所谓煤矿重大危险源是指可能导致煤矿重大事故的设施或场所,其具有以下特性:①煤矿重大事故波及范围一般局限于矿井内部。②在煤矿重大事故中,导致人员和财产重大损失的根源,既有井下采掘系统内的危险物质与能量,如瓦斯、自燃的煤、爆炸性的煤尘,也有系统外的失控的能量和物质等,如大面积冒顶事故中具有很大势能的岩石,透水事故中具有很大压力的地下水或地表水,瓦斯突出事故中在地应力与瓦斯压力作用下突出的煤、瓦斯及岩石等。③煤矿重大危险源是动态变化的。随着工作面的推进、采区的接替、水平的延深,不仅井下工作地点发生了变化,而且地质条件、通风状况、工作环境等都有可能发生改变,进而可能使危险源的风险等级发生改变。④煤矿重大危险源的危险物质和能量在很多情况下是逐渐积聚或叠加的。例如,在通风不良的情况下,瓦斯浓度可以由0%积聚到爆炸下限5%;再如老空区、废旧巷道的积水,以及回采工作面的矿山压力的逐步增大等。

由于煤矿重大事故有以上特性,煤矿重大危险源在其内涵及外延上和其他工业领域的重大危险源有着很大的不同[7]。煤矿重大危险源很难由某种危险物质或能量的一个临界量来完全判定。例如，评价一个煤矿是否是瓦斯爆炸事故的重大危险源，不能仅根据煤矿井下瓦斯的某一临界量指标判定，因为只要是瓦斯矿井，就有可能发生瓦斯爆炸，一旦发生瓦斯爆炸事故，后果都是灾难性的，因此，可以说，只要是瓦斯矿井，不管是高瓦斯矿井还是低瓦斯矿井，都可以判定为瓦斯爆炸事故重大危险源，其差别会反映在风险等级的不同上；再如，对于煤矿火灾事故，不能仅以井下某一种可燃物的量来确定火灾事故的后果，对矿井水灾事故，不能仅以可进入井下的水量来确定水灾事故的后果；等等。

根据煤矿重大危险源的定义与特性可知，煤矿重大危险源的辨识必须依据其定义的表述，即"煤矿重大危险源是指可能导致煤矿重大事故的设施或场所"这一概念，着重考虑煤矿存在的重大事故危险类别，而将存在的危险物质及其数量作为参考因素。从这一角度出发，煤矿重大危险源的辨识主要是辨识煤矿可能发生的各类重大事故。煤矿瓦斯爆炸事故、火灾事故、顶板事故、突水事故、煤尘爆炸事故、煤与瓦斯突出事故等都会产生灾难性的事故后果，都属于煤矿重大危险源。

(2)资源分析。根据确定的危险目标，明确其危险特性及对周边的影响，以及应急救援所需资源；危险目标周围可利用的安全、消防、个体防护的设备、器材及其分布；上级救援机构或相邻单位可利用的资源等。

(3)法律法规要求。法律法规是开展应急救援工作的重要前提和保障。列出国家、省(自治区、直辖市)、市及各应急部门的职责要求及应急预案、应急准备、应急救援有关的法律法规文件，作为编制煤矿事故应急救援预案的依据。这在《中华人民共和国矿山安全法》《中华人民共和国职业病防治法》《中华人民共和国消防法》《煤矿安全监察条例》《特种设备安全监察条例》《关于特大安全事故行政责任追究的规定》等中也都作了相应规定。

7.2.3.3 应急准备

应急准备程序应说明应急行动前所需采取的准备工作，包括事故应急救援的组织机构与职责划分、应急资源保障和物质的准备、应急预案的教育、训练与演练，以及互助协议签订等。

1)事故应急救援的组织机构与职责划分

重大事故的应急救援行动往往涉及多个部门，因此应预先明确在应急救援中承担相应任务的组织机构及其职责。比较典型的事故应急救援机构应包括：

(1)应急救援中心。应急救援中心是整个应急救援系统的重心，主要负责协调事故应急救援期间各个机构的运作，统筹安排整个应急救援行动，为现场应急救援提供各种信息支持；必要时迅速召集各应急机构和有关部门的高级代表到应急中心实施场外应急力量、救援装备、器材、物品等的迅速调度和增援，保证行动快速、有序、有效地进行。

(2)应急救援专家组。应急救援专家组在应急救援中起着重要的参谋作用，包括对潜在重大危险的评估、应急资源的配备、事态及发展趋势的预测、应急力量的重新调整和部署、个人防护、公众疏散、抢险、监测、清消、现场恢复等行动提出决策性的建议。

(3)医疗救治。通常由医院和急救中心组成。主要负责设立现场医疗急救站，对伤员进行现场分类和急救处理，并将其及时、合理地转送医院接收治疗和救治，以及对现场救援人员进行医学监护。

(4)抢险救灾。矿山军事化救护队承担着抢险救灾的重要任务，其职责是尽可能、尽快地控制并消除事故，营救受害人员；并负责迅速测定事故的危害区域范围及危害性质等。

(5)警戒与治安组织。通常由公安部门、武警、军队、联防等组成。主要负责对事故区外围的交通路口实施定向、定时封锁，阻止事故危害区外的公众进入；指挥、调度撤出事故区的人员和使车辆顺利通过通道；对重要目标实施保护，维护社会治安。

(6)后勤保障组织。主要涉及计划部门、交通部门、电力、通信、市政、民政部门、物质供应企业等，主要负责应急救援所需的各种设施、设备、物资及生活、医药等的后勤保障。

(7)信息发布中心。主要由宣传部门、新闻媒体、广播电视等组成，负责事故和救援信息的统一发布。及时准确地向公众发布有关保护措施的紧急公告等。

2)应急资源保障和物质的准备

应急资源的配备是应急响应的保证。在煤矿事故应急救援预案中应明确预案的资源配备情况，包括应急救援保障、救援需要的技术资料、应急设备和物资等，并确保其有效使用。

(1)应急救援保障分为内部保障和外部保障。①内部保障。依据现有资源的评估结果，内部保障确定以下内容：确定应急队伍，包括抢修、现场救护、医疗、治安、消防、交通管理、通信、供应、运输、后勤等人员；消防设施配置图、工艺流程图、现场平面布置图和周围地区图、气象资料、煤矿安全技术说明书、互救信息等存放地点、保管人；应急通信系统；应急电源、照明；应急救援装备、物资、药品等；煤矿运输车辆的安全、消防设备、器材及人员防护装备；保障制度目录；责任制；值班制度；其他有关制度。②外部保障。依据对外部应急救援能力的分析结果，外部救援确定以下内容：互助的方式；请求政府、集团公司协调应急救援力量；应急救援信息咨询；专家信息。

(2)煤矿事故应急救援应提供的必要资料通常包括：①矿井平面图；②矿井立体图；③巷道布置图；④采掘工程平面图；⑤井下运输系统图；⑥矿井通风系统图；⑦矿井系统图；⑧排水、防尘、防火注浆、压风、充填、抽放瓦斯等管路系统图；⑨井下避灾路线图；⑩安全监测装备布置图；⑪瓦斯、煤尘、顶板、水、通风等数据；⑫程序、作业说明书和联络电话号码；⑬井下通信系统图等。

(3)应急物质设备。应确定所需的应急设备，并保证充足提供。要定期对这些应急设备进行测试，以保证其能够有效使用。应急设备一般包括：①报警通信系统；②井下应急照明和动力；③自救器、呼吸器；④安全避难场所；⑤紧急隔离栅、开关和切断阀；⑥消防设施；⑦急救设施；⑧通信设备。

3)应急预案的教育、训练与演练

煤矿事故应急救援预案中应确定应急培训计划、演练计划，教育、训练、演练的实施与效果评估等内容。

(1)培训计划。依据对员工能力的评估和职工从业素质的分析结果，确定以下内容：①应急救援人员的培训；②员工应急响应的培训；③企业员工应急知识的宣传。

(2)演练计划。依据现有资源的评估结果确定以下内容：①演练准备；②演练范围与频次；③演练组织。

(3)教育、训练、演练的实施与效果评估。依据教育、训练、演练计划确定以下内容：①实施的方式；②效果评估方式；③效果评估人员；④预案改进、完善。

4)互助协议

当有关的应急力量与资源相对薄弱时，应事先寻求与外部救援力量建立正式互助关系，做好相应安排，签定互助协议，做出互救的规定。

7.2.3.4　应急响应

在应急救援过程中，存在一些必需的核心功能和任务，如接警与通知、指挥与控制、警报和紧急公告、通信、事态监测与评估、警戒与治安、人群紧急疏散与安置、医疗与卫生、公共关系、应急人员安全、消防和抢险等，无论何种应急过程都必须围绕上述功能和任务展开。应急响应主要指实施上述核心功能和任务的程序和步骤。

1)设定预案分级响应的启动条件

依据煤矿事故的类别、危害程度的级别和从业人员的评估结果、可能发生的事故现场情况分析结果，设定预案分级响应的启动条件。

2) 接警与通知

准确了解事故的性质和规模等初时信息是决定启动应急救援的关键。接警作为应急响应的第一步，必须对接警要求做出明确规定，保证迅速、准确地向报警人员询问事故现场的重要信息。接警人员接受接警后，应按预先确定的通报程序，迅速向有关应急机构、政府及上级部门发出事故通知，以采取相应的行动。即依据现有资源的评估结果，确定以下内容：24 小时有效的报警装置；24 小时有效的内部、外部通信联络手段；事故通报程序。

3) 指挥与控制

重大事故的应急救援往往涉及多个救援部门和机构，因此，对应急行动的统一指挥和协调是有效开展应急救援的关键。应建立统一的应急指挥、协调和决策程序，便于对事故进行初始评估，确认紧急状态，从而迅速有效地进行应急响应决策，建立现场工作区域，指挥和协调现场各救援队伍开展救援行动，合理高效地调配和使用应急资源等。该应急功能应明确：①现场指挥部的设立程序；②指挥的职责和权力；③指挥系统(谁指挥谁、谁配合谁、谁向谁报告)；④启用现场外应急队伍的方法；⑤事态评估与应急决策的程序；⑥现场指挥与应急指挥部的协调；⑦企业应急指挥与外部应急指挥之间的协调。

4) 警报和紧急公告

当事故可能影响到井下其他工作区域工作人员的安全时，应及时启动警报系统，向工作人员发出警报，告知事故性质、自我保护措施、撤退事项等，以保证其他可能受灾人员能够及时做出自我防护响应。

5) 警戒与治安

为保障现场应急救援工作的顺利开展，在事故现场周围建立警戒区域，实施交通管制，维护现场治安秩序是十分必要的。其目的是要防止与救援无关人员进入事故现场，保障救援队伍、物资运输和人群疏散等的交通畅通，并且避免发生不必要的伤亡。

该项功能的具体职责包括：①实施交通管制，对应急救援实施区外围的交通路口实施定向、定时封锁，严格控制进出事故现场的人员，避免出现意外的人员伤亡或引起现场混乱；②指挥危害区域内人员的撤离、保障车辆的顺利通行，指引不熟悉地形和道路情况的应急车辆进入现场，及时疏通交通堵塞；③维护撤离区和人员安置区场所的社会治安工作，保卫撤离区内和各封锁路口附近的重要目标和财产安全，打击各种犯罪分子；④除上述职责以外，警戒人员还应该协助发出警报、现场紧急疏散、人员清点、传达紧急信息，以及事故调查等。

6) 人群紧急疏散与安置

依据对可能发生煤矿事故的场所、设施及周围情况的分析结果，确定以下内容：事故现场人员清点，撤离的方式、方法；非事故现场人员紧急疏散的方式、方法；抢救人员在撤离前、撤离后的报告。

7) 危险区的隔离

依据可能发生的煤矿事故危害类别、危害程度级别确定以下内容：①危险区的设定；②事故现场隔离区的划定方式、方法；③事故现场隔离方法；④事故现场周边区域的道路隔离或交通疏导办法。

8) 检测、抢险、救援、消防及事故控制措施

依据有关国家标准和现有资源的评估结果确定以下内容：①检测的方式、方法及检测人员防护、监护措施；②抢险、救援方式和方法及人员的防护和监护措施；③现场实时监测异常情况下抢险人员的撤离条件、方法；④应急救援队伍的调度；⑤控制事故扩大的措施；⑥事故扩大后的应急措施。

9) 受伤人员现场救护、救治与医院救治

对受伤人员采取及时、有效的现场急救，并将其合理转送医院进行治疗，是减少事故现场人员伤亡的关键[8]。应急预案应依据事故分类、分级，附近疾病控制与医疗救治机构的设置和处理能力，制订具有可操作性的处置方案，其中包括以下内容：①受伤人群检伤分类方案及执行人员；②依据检伤结果对患者进行分类现场紧急抢救方案；③受伤人员医学观察方案；④患者转运及转运中的救治方案；⑤患者治疗方案；⑥入院前和医院救治机构确定及处置方案；⑦药物、器材储备信息。医疗人员必须经过培训，掌握对受伤人员进行正确消毒和治疗方法。

10) 公共关系

依据事故信息、影响、救援情况等信息发布要求明确以下内容：①事故信息发布批准程序；②媒体、公众信息发布程序；③公众咨询、接待、安抚受害人员家属的规定。

11) 应急人员安全

煤矿事故应急救援预案中应明确应急人员安全防护措施、个体防护等级、现场安全监测的规定；应急人员进出现场的程序；应急人员紧急撤离的条件和程序。

7.2.3.5 现场恢复

事故救援结束后，应立即着手现场恢复工作，有些需要立即进行恢复，有些是短期恢复或长期恢复。经验教训表明，在现场恢复的过程中往往仍存在潜在的危险，如封闭火区内可燃物复燃等，所以，应充分考虑现场恢复过程中的危险，制订恢复

程序，防止事故再次发生。因此，矿山事故应急救援预案中应明确以下内容：

(1) 现场保护与现场清理；

(2) 事故现场的保护措施；

(3) 明确事故现场处理工作的负责人和专业队伍；

(4) 事故应急救援终止程序；

(5) 确定事故应急救援工作结束的程序；

(6) 通知本单位相关部门及相关人员事故危险已解除的程序；

(7) 恢复正常状态程序；

(8) 现场清理和受影响区域连续监测程序；

(9) 事故调查与后果评价程序。

7.2.3.6 预案管理与评审改进

煤矿事故应急救援预案应定期进行应急演练或应急救援后对预案进行评审，以完善预案。预案中应明确预案制定、修改、更新、批准和发布的规定；应急演练、应急救援后及定期对预案进行评审的规定；应急行动记录要求等内容。

7.2.3.7 附件

煤矿事故应急救援预案的附件部分包括：组织机构名单；值班联系电话；煤矿事故应急救援有关人员联系电话；煤矿生产单位应急咨询服务电话；外部救援单位联系电话；政府有关部门联系电话；矿井地质和水文地质图；井上、下对照图；巷道布置图；采掘工程平面图；通风系统图；井下运输系统图；安全监测装备布置图；排水、防尘、防火注浆、压风、充填、抽放瓦斯等管路系统图；井下通信系统图；井上、下配电系统图和井下电气设备布置图；井下避灾路线图；消防设施配置图；周边区域道路交通示意图和疏散路线、交通管制示意图；周边区域的单位、社区、重要基础设施分布图及有关联系方式；供水、供电单位的联系方式；组织保障制度等。

7.3 煤矿热动力灾害专项应急预案的编制

煤矿热动力灾害（煤矿瓦斯爆炸、煤尘爆炸和重大火灾事故）应急预案为煤矿事故应急预案体系的专项预案[9]。这里以煤矿企业瓦斯爆炸事故专项应急预案编制为例，简要介绍专项预案编制的要点。

7.3.1 事故类型和危害程度分析

瓦斯是煤形成过程中伴生的气体，具有易燃易爆性，可能发生的热动力灾害事故类型有瓦斯燃烧、瓦斯爆炸和瓦斯煤尘爆炸。瓦斯热动力灾害是煤矿生产过程中的一大安全隐患,其主要与以下 5 种因素相关:

(1)瓦斯固有危险源,如瓦斯涌出量;

(2)存在引燃瓦斯的点火源(最低点火温度为 650～750℃)或点火能(最低点火能为 0.28mJ);

(3)环境中氧气的浓度大于 12%;

(4)瓦斯浓度处于爆炸极限范围内 5%～16%;

(5)管理缺陷。

7.3.2　应急处置基本原则

井下发生瓦斯爆炸事故后,救援人员应该按照“紧急救灾、妥善避难、安全撤退、救人优先”的原则抢险救灾。

(1)以抢救遇难人员为主,必须做到“有巷必入”,要本着“先活者后亡者、先重伤后轻伤、先易后难”的原则救险。

(2)在进入灾区侦察时要带有干粉灭火器,发现火源及时扑灭。确认火区没有火源且不会引起再次爆炸时,即可对灾区巷道进行通风。应尽快恢复原有的通风系统,加大风量,排除爆炸后产生的烟雾和有毒有害气体。迅速排除这些气体既有利于抢救遇难人员,减轻遇难人员的中毒程度,又可以消除对下井救援人员的威胁。

(3)消除巷道堵塞物,以便于救人。

(4)寻找火源,尽快扑灭爆炸引起的火灾。

(5)做好灾区侦察、寻找爆炸点、灾区封闭等工作。

7.3.3　组织机构及职责

7.3.3.1　应急组织体系

煤矿瓦斯爆炸事故应急组织体系主要由企业应急救援指挥部、企业应急救援指挥部办公室、现场应急救援指挥部及应急救援工作小组组成。

7.3.3.2　指挥机构及职责

1)企业应急救援指挥部及职责

企业应急救援指挥部成员主要由通风、机电、安监等部门的人员及总工程师组成。

煤矿发生瓦斯爆炸事故时,应依照企业综合应急预案的指挥机构设置,及时有效地处理事故。

煤矿发生瓦斯爆炸事故后,矿长、总工程师和其他领导必须立即赶到救灾指挥现场，组织抢救，矿长是负责处理灾害事故的全权指挥者。在矿长未到之前，由值班矿长负责指挥。

2）企业应急救援指挥部办公室及职责

企业应急救援指挥部下设办公室（简称应急办），负责企业应急救援指挥部的日常具体事务工作。应急办设在矿井调度室，主任由总经理兼任或由副总经理、总工程师兼任，成员由副总工程师及有关部门人员共同组成。

3）现场应急救援指挥部职责

现场应急救援指挥部负责矿山应急救援指挥工作的综合协调和管理工作，根据事故情况和救援工作进展情况，及时向企业应急救援指挥部报告；与企业应急救援指挥部保持密切联系，及时传达企业应急救援指挥部的命令；负责调动矿山应急救援力量和调配矿山应急救援资源；日常提供技术支持，组织应急救援工作小组参加救援工作，协调矿山医疗救护工作；调用矿山应急救援基础资料与信息；瓦斯爆炸事故灾难扩大或某专业领域救援力量、资源不足时，协调相关救援力量及设备增援；完成企业应急救援指挥部交办的其他事项。

7.3.3.3　应急救援工作小组及其职责

结合矿山的实际情况，为及时应对矿山发生的瓦斯爆炸事故，在企业应急救援指挥部下面设立 5 个应急救援工作小组：

1）通信供电主要通风机组

（1）熟悉井下各条供电线路，并绘制各采区变电所供电系统图；

（2）确保井下通信畅通，一旦发生瓦斯爆炸时，能保持正常联系；

（3）根据矿长命令，必要时对主要通风机进行反风。

2）通风组

（1）负责日常的通风系统管理，确保通风系统合理、稳定、可靠；

（2）组织完成必要的通风工程，组织瓦斯排放并执行与通风有关的其他措施；

（3）完善必要的局部反风设施，确保重点地段能进行局部反风。

3）安全撤退组

（1）负责按指挥部要求有序撤到安全地点直至地面，清点汇总人数等工作，并及时向指挥部汇报；

（2）要求各单位撤退前将动力、主副风机馈电开关打到零并关闭，同时关闭供水阀门。

4）后勤保障组

（1）供应所需物资、设备，并且保质保量；

(2)负责救援人员的食宿安排工作。

5)安全保卫组

(1)参加抢险救灾的全过程,根据批准的处理事故的现场处置方案,调配检查人员,对现场处置方案的各环节、措施的实施过程进行检查,确保现场处置方案顺利完成;发现不安全因素有权制止并提出安全可靠的补救措施,及时向企业应急救援指挥部汇报,听取指令。

(2)负责事故抢救和处理过程中的治安保卫工作,维持矿区的正常秩序,不准闲杂人员入矿,并在井口附近设专人警戒,严禁闲杂人员逗留、围观,保证井口附近无火源。

7.3.4 预防与预警

1)危险源监控

认真落实"先抽后采、监测监控、以风定产"的瓦斯治理十二字方针,切实把防治瓦斯的各项管理规定及瓦斯治理措施落到实处。不断提高"一通三防"的现代化水平,努力提高预防瓦斯灾害的能力,防治瓦斯爆炸事故。防止瓦斯积聚可采取如下安全技术措施。

(1)不断完善矿井通风系统,使通风系统合理、稳定、可靠,实行分区通风。

矿井、采区应有足够的风量,采掘工作面配风量满足安全生产需要,消除采掘工作中不合理的串联通风。加强巷道贯通后的通风管理和局部通风管理工作,杜绝巷道出现无风、微风现象,以及局部通风机出现循环风现象。

(2)严格落实恢复通风、排放瓦斯、停送电的安全措施。

因临时停电或其他原因局部通风机停止运转,在恢复通风前,必须按《煤矿安全规程》规定进行瓦斯检查,只有瓦斯浓度符合《煤矿安全规程》规定时,方可人工开启局部通风机,恢复正常通风;否则,必须首先制定瓦斯排放措施。

(3)排放瓦斯前必须制定专门的瓦斯排放措施。

按《煤矿安全规程》规定进行报批,严格按规定措施进行排放。

(4)严格执行瓦斯检查制度。

杜绝空班、漏检、假检现象;巡回检查人员要按规定时间、线路进行检查。

(5)矿井按规定配齐便携式瓦斯报警仪。

下井人员要按《煤矿安全规程》规定佩带便携式瓦斯报警仪。

(6)设专职瓦斯检查员跟班检查瓦斯。

煤与半煤岩巷掘进工作面、采煤工作面及瓦斯涌出异常的岩巷掘进工作面必须设专职瓦斯检查员跟班检查瓦斯。

(7)加强矿井安全监测监控系统的管理工作,保证系统完好正常地运行。

各采掘工作面和机电硐室等要按要求上齐、上全监测探头，瓦斯断电功能做到数据准确、灵敏可靠。

(8)充分利用先进的通信技术发布矿井安全监测信息。

各矿井要建立健全安全监测信息发布管理制度，规定安全监测信息发布流程，配齐安全监测机房值班人员，保证安全监测机房24小时有人值班，并应确保监测主机超限声响报警功能正常。当瓦斯超限时，应立即停产，迅速采取措施处理。并及时将瓦斯超限的原因、处理情况、防范措施等反馈给企业总调度室。

(9)建立完善瓦斯抽放系统。

瓦斯抽放矿井采掘抽关系要合理。要积极探索适合本矿井的瓦斯抽放技术、抽放工艺、抽放方法；抽放效果必须达到规定要求，方可布置工作面回采。要合理布置钻场和钻孔，提高矿井瓦斯抽放率，减小风排瓦斯压力。

(10)加强掘进工作面瓦斯管理，消灭掘进头瓦斯事故。

高瓦斯矿井必须完善"三专两闭锁"和双风机、双电源自动切换装置。

2)预警行动

煤矿瓦斯爆炸的重大危险源主要是甲烷，瓦斯爆炸的必要条件有：

(1)甲烷积聚超限且浓度达到5%～16%；

(2)空气中氧含量大于12%；

(3)引燃引爆热源必须大于甲烷最小点燃温度650～750℃。

在一般的矿井条件下，氧浓度是满足的，只要积聚的瓦斯达到爆炸浓度范围，同时具有引燃热源，就有发生瓦斯爆炸事故的可能。因此，矿井须加强对瓦斯积聚程度的监测，一旦发现超标，就要发布事故预警，避免爆炸事故的发生。

7.3.5 信息报告程序

矿井调度室接到瓦斯爆炸事故汇报后，立即通过电话或对讲机将事故概况向值班矿长汇报，并根据值班矿长的指示通过电话或对讲机向企业应急救援指挥部和矿山救护队、矿长报告。

报告内容主要包括：事故发生的时间、地点；事故发生的初步原因；已经采取的措施等；现场人员状况，人员伤亡及撤离情况(人数、程度、所属单位)；等等。

7.3.6 应急处置

1)响应分级

企业应急救援指挥部接到报告后立即由应急办通过电话或对讲机通知指挥部全体人员到调度室集合，总指挥决定是否启动应急预案及启动哪一级别的应急预案。

(1)当发生了特别重大伤亡事故时，事故造成30人及以上被困井下，已经或可能导致30人及以上死亡时，则为Ⅰ级响应。

(2)当发生了重大伤亡事故时,事故造成 10~29 人被困井下,已经或可能导致 10~29 人死亡时,则为Ⅱ级响应。

(3)当发生了较重伤亡事故,事故造成 3~9 人被困井下,已经或即将导致 3~9 人死亡时,则为Ⅲ级响应。

(4)发生一般了伤亡事故时,事故造成 1~2 人被困井下,已经或即将导致 1~2 人死亡时,则为Ⅳ级响应。

2)响应程序

矿井重大瓦斯爆炸事故发生后,矿井调度室负责启动报警器报警,调度室应通知立即撤出井下人员,并切断井下的电力供应,防止由于使用电器引起爆炸。

调度室按矿井瓦斯爆炸事故应急预案规定的顺序通知矿长、总工程师等有关人员,并立即向应急办报告。

应急办立即通知企业应急救援指挥部全体成员和矿山救护队、各应急救援工作小组赶赴事故现场。

成立现场应急救援指挥部,由值班矿长或企业应急指挥部总指挥任命副总指挥或指挥部有关成员担任现场应急救援指挥部指挥长。

由现场应急救援指挥部制定救灾方案,并指挥和调动矿山救护队和各应急救援工作小组到事故现场实施救援行动,直至灾情消除、被困人员获得解救。

3)处置措施

发生瓦斯爆炸事故后,企业应及时采取有效措施,防止事故进一步扩大,具体应采取如下措施:

(1)采取瓦斯排放措施,防止封闭区瓦斯积聚。一般高瓦斯煤矿工作面都有瓦斯抽放系统,工作面因火被迫封闭后,应继续对工作面进行瓦斯抽放,直至确认封闭区不再有爆炸危险性,以防封闭区瓦斯浓度再次积聚而发生爆炸。

(2)采取从地面注惰性气体、注液氮等方法降低封闭区氧气浓度。封闭时,发火区温度、氧气浓度都很高,所以不能在火区附近工作。此时可以从地面向火区注氮,降低火源点附近氧浓度和煤温,保证工作面安全。

(3)消灭火源高温点。采取向发火区注凝胶等方法,使高温点温度降低到可引起瓦斯爆炸的下限温度以下。

(4)用水封闭火区,如果发火区两端比较低,可以在撤离了人员的情况下,向发火区所在巷道两端送水,直至用水封闭该火区。当火区用水封闭后,能够保证密闭无漏风,而且一旦封闭区内发生爆炸,两端的水密封能有效消除爆炸引起的冲击波,防止爆炸引起大火蔓延。

4)注意事项

在处理瓦斯爆炸事故时应注意如下问题:

(1)问清事故性质、原因、发生地点及出现的情况;

(2)切断通往灾区的电源;

(3)进入灾区时须先认真检测各气体成分,确认没有爆炸危险时再进入灾区作业;

(4)检查时发现明火或其他可燃物引燃时,应立即扑灭,以防二次爆炸;

(5)有明火存在时,救护队员的行动要轻,以免扬起煤尘,发生煤尘爆炸;

(6)救护队员穿过支架破坏地区或冒落堵塞地区时,应架设临时支护,以保证队员在这些地点的往返安全。

7.3.7　应急保障

1)应急物资保障

企业应按照《计划》要求,建立健全井上、井下消防材料库,储备局部通风机、水泵、风筒、水管、灭火器材、施工材料(如料石、红砖、水泥、黄沙)等必要的救灾装备、物资等。

2)应急装备保障

矿山救护和医疗救护装备配备专用警灯、警笛,发生安全生产事故后,可请求地方政府及时协调,对事故进行交通管制,开设应急救援特别通道,最大限度地争取抢险救灾时间。

同时,企业应建立有线、无线相结合的基础应急通信系统,并提供相应的通信设备。

7.3.8　附则

附则包括负责编制和解释专项应急预案的单位部门,发布和实施日期,以及企业应急人员通讯录和应急物资装备清单(略)。

参 考 文 献

[1] 解学才, 宫伟东, 林辰, 等. 我国煤矿应急救援现状分析研究[J]. 煤矿安全, 2017, 48(11): 229-232, 236.

[2] 周心权. 基于瓦斯爆炸事故剖析突发事件应急处置的重要性[J]. 煤炭科学技术, 2014, 42(1): 40-43.

[3] 陈威, 张宏凯, 孔磊. 浅淡如何增强煤矿应急预案的可操作性[J]. 煤矿现代化, 2015, (1): 89-91.

[4] 李艳强. 提升煤矿应急管理水平探讨[J]. 中国煤炭, 2018, 44(10): 163-167.

[5] 戚宏亮, 白伟. 煤矿应急救援研究述评和展望[J]. 煤炭经济研究, 2017, 37(3): 47-50.

[6] 王兵建. 矿山企业生产安全事故应急工作手册[M]. 北京: 中国劳动社会保障出版社, 2008.

[7] 周心权, 朱红青. 从救灾决策两难性探讨矿井应急救援决策过程[J]. 煤炭科学技术, 2005, (1): 1-3, 68.

[8] 刘安. 现代煤矿常见灾害事故现场救护新技术实用手册: 第 2 卷[M]. 长春: 吉林大学电子出版社, 2005.

[9] 王海燕, 王兵建. 矿井热动力灾害学[M]. 北京: 煤炭工业出版社, 2010.

彩　　图

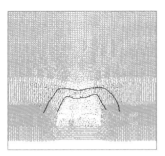
(a) 工作面推进30m

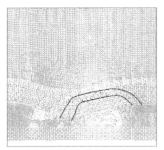
(b) 工作面推进60m

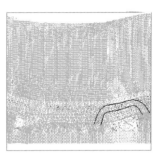
(c) 工作面推进120m

图 2-3　工作面不同推进距离时应力拱变化图

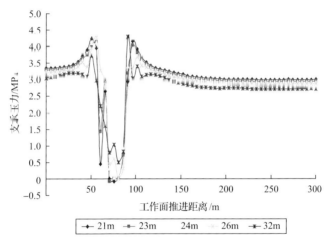

图 2-4　工作面初次来压时支承压力变化曲线

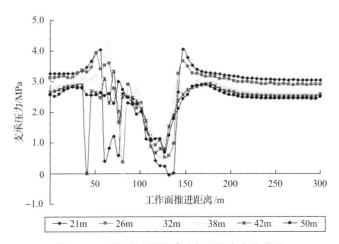

图 2-5　工作面正常回采时支承压力变化曲线

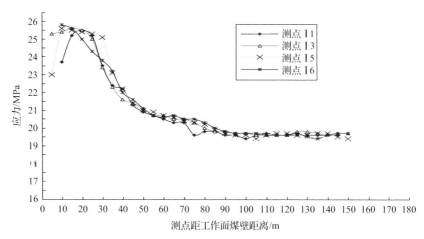

图 2-20　应力观测线 I 各测点应力和测点距工作面煤壁距离关系图

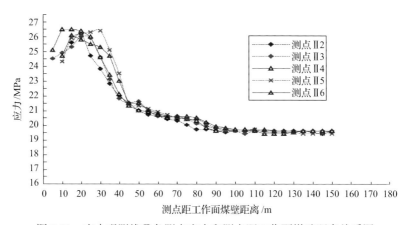

图 2-21　应力观测线 II 各测点应力和测点距工作面煤壁距离关系图

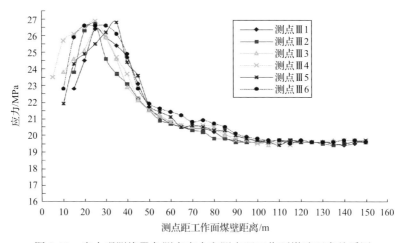

图 2-22　应力观测线 III 各测点应力和测点距工作面煤壁距离关系图

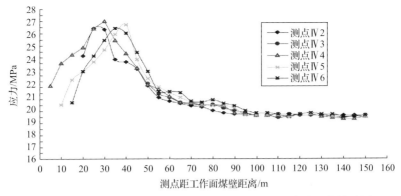

图 2-23　应力观测线 IV 各测点应力和测点距工作面煤壁距离关系图

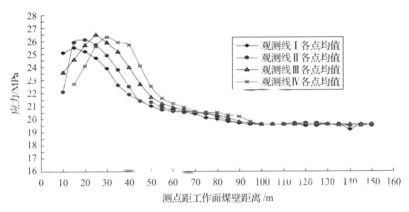

图 2-24　应力各观测线测点应力均值和测点距工作面煤壁距离关系图

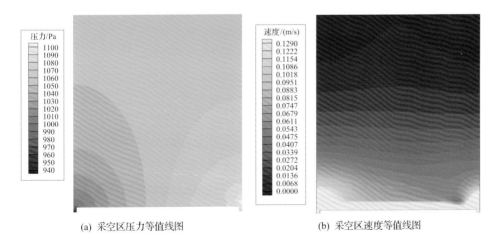

(a) 采空区压力等值线图　　　　　　(b) 采空区速度等值线图

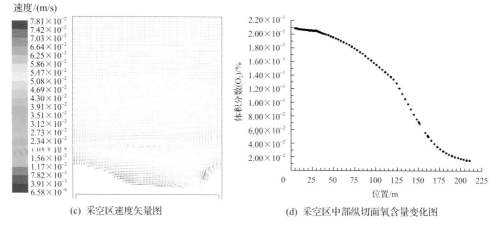

(c) 采空区速度矢量图　　　　　(d) 采空区中部纵切面氧含量变化图

图 5-20　采空区流场等参数数值模拟结果

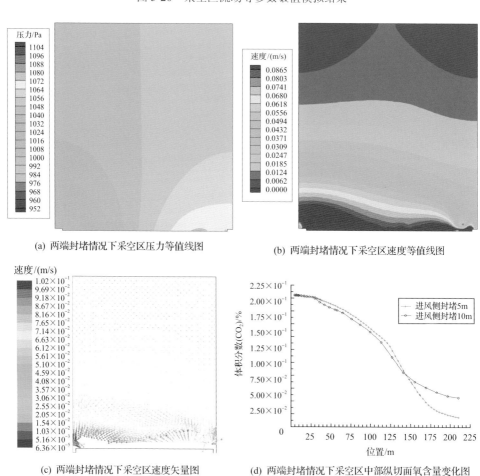

(a) 两端封堵情况下采空区压力等值线图　　　(b) 两端封堵情况下采空区速度等值线图

(c) 两端封堵情况下采空区速度矢量图　　(d) 两端封堵情况下采空区中部纵切面氧含量变化图

图 5-22　两端封堵情况下采空区流场等参数数值模拟结果

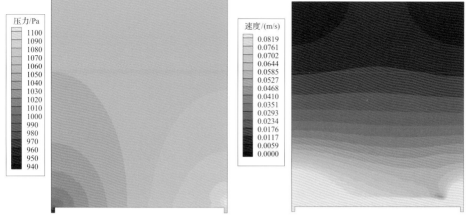

(a) 上隅角抽放情况下采空区压力等值线图　　　　(b) 上隅角抽放情况下采空区速度等值线图

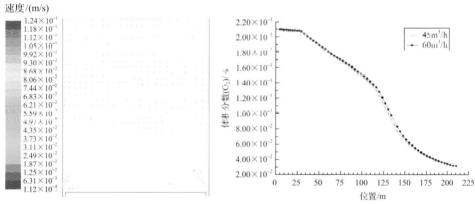

(c) 上隅角抽放情况下采空区速度矢量图　　　　(d) 上隅角抽放情况下采空区中部纵切面氧含量变化图

图 5-23　　上隅角正常抽放(45m³/h)情况下采空区流场等参数数值模拟结果

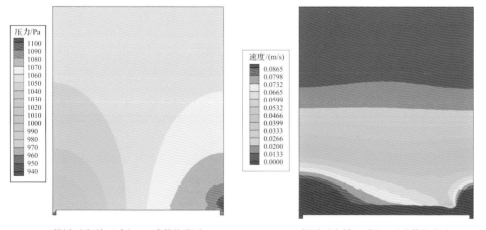

(a) 下隅角注氮情况采空区压力等值线图　　　　(b) 下隅角注氮情况采空区速度等值线图

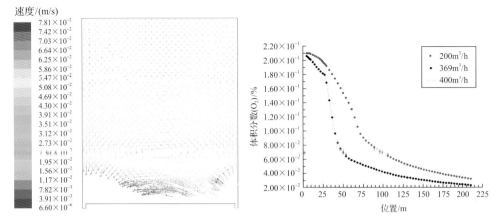

(c) 下隅角注氮情况采空区速度矢量图   (d) 下隅角注氮情况采空区中部纵切面氧含量变化图

图 5-24   下隅角注氮情况下采空区流场等参数数值模拟结果

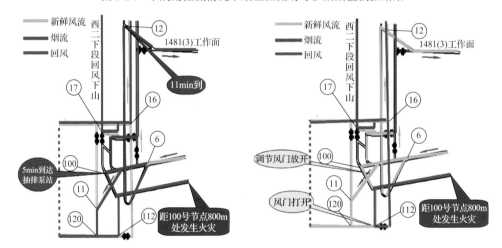

图 7-1   西二运输大巷火灾采取控风措施后烟流流动情况